广东省高等教育教学质量工程项目
广东培正学院重点学科建设项目

U0957293

应用心理学校企合作实训教材

催眠与音声疗愈

主编　何荣娟　陆蔼霞

郑州大学出版社

图书在版编目(CIP)数据

催眠与音声疗愈 / 何荣娟，陆蔼霞主编. — 郑州 ：郑州大学出版社，2023.10
应用心理学校企合作实训教材
ISBN 978-7-5645-9321-6

Ⅰ. ①催… Ⅱ. ①何…②陆… Ⅲ. ①催眠术 - 教材
Ⅳ. ①B841.4

中国版本图书馆 CIP 数据核字(2022)第 252741 号

催眠与音声疗愈
CUIMIAN YU YINSHENG LIAOYU

策划编辑	李龙传 张彦勤	封面设计	苏永生
责任编辑	刘 莉	版式设计	苏永生
责任校对	张彦勤	责任监制	李瑞卿
出版发行	郑州大学出版社	地 址	郑州市大学路 40 号(450052)
出 版 人	孙保营	网 址	http://www.zzup.cn
经 销	全国新华书店	发行电话	0371-66966070
印 刷	新乡市豫北印务有限公司		
开 本	787 mm×1 092 mm 1 / 16		
印 张	8.75	字 数	204 千字
版 次	2023 年 10 月第 1 版	印 次	2023 年 10 月第 1 次印刷
书 号	ISBN 978-7-5645-9321-6	定 价	39.00 元

作者名单

主　　编　何荣娟　陆蔼霞

副 主 编　刘　玲　黄旖雯　李婧洁

编　　委　何荣娟　广东培正学院

陆蔼霞　广东培正学院

刘　玲　广州圆心谱科技发展有限公司

黄旖雯　广东培正学院

李婧洁　广东培正学院

陶　泓　广东培正学院

组织单位　广东培正学院

协作单位　广州圆心谱科技发展有限公司

德宝心理健康咨询服务(广东)有限公司

序

心理学是脱胎于哲学、人文社会科学和生物科学的一门交叉学科，但经过一百多年的发展，心理学受到自然科学研究方法和范式的深刻影响，逐渐淡化了人文学科的性质，几乎成了一门纯粹的自然科学。目前，大多数重点院校的心理学专业，其培养方案及对应的课程体系和课程内容，都充满着自然科学的味道；其重点学科的评价体系也是以发表SCI论文的数量及生物心理实验室规模和规格为指标的。当然，这种倾向对于探讨心理活动的生物学机制及生物学变量与心理学变量之间的关系是必要的，严格的实验室训练也是培养心理学研究型人才的重要训练方法和途径。但这种自然科学培养模式的导向使得我国非重点高校尤其是民营高校的应用心理学专业，在培养目标、课程设置和教学过程中产生了困惑。我们在教学实践中发现一些具体问题，一是学生学习微积分、生理解剖学、认知神经科学等内容时都普遍感到吃力；二是由于数学、生理解剖、普通心理学、实验心理学、生物心理学、认知神经科学等专业基础课程和专业核心课程学分占比非常高，直接影响到后期应用性课程的安排；三是绝大多数二本高校难以承担购置和维护生物心理学实验设备如ERP甚至fMRI等仪器的费用；四是即使购置了实验设备，绝大多数高校无力组建自己的科研团队，也就无法申请到自然科学项目开展其研究。总之，二本高校的应用心理学专业或学科很难适应以生物心理学实验为主要范式的教学和培养模式。如果照搬重点高校的教学模式，其结果是所培养的毕业生无法适应和满足现实社会的需要。

虽然我国重点高校和研究院所每年都有数量可观的认知神经科学和生物心理学研究论文发表，但这些论文很难转化为应用型的原理与技术；虽然重点高校培养的心理学硕士研究生和博士研究生数量越来越多，但这些人才很少能够走向基层如社区和乡村为广大民众排忧解难。

因此，民营高校层次的应用心理学专业的教育教学研究，应该思考如何运用各个层面的心理学原理，开发出应用型的心理学原理与技术，解决现实社会中的心理问题，促进人们的心理健康，以满足现实生活中人们对心理学的需要。我校应用心理学专业就是本着这一现实问题，将心理学从生物心理实验室的研究方法和范式中解脱出来，将心理学的教学变成一种理解自己和他人、改变自己和他人、提高自己和他人的社会适应能力及提升幸福感水平的知识教育和行为塑造过程。

在教学内容上，我们修订人才培养方案时，适度增加了后期实训课程的学分比例；在教学方法方面，鼓励教师采用多种教学方法提高学生理解心理学原理的能力，特别强调让学生运用心理学的知识与技能解决自身的问题，学会人际沟通和解决人际冲突，在学习中不断促进自身的成长和成熟。依据这一理论的人才培养模式，我们称之为“应用型心理学家培养模式”。

这一培养模式集中体现在校企合作开发的系列后期实训课程开发：近几年来，我们与广州圆心谱科技发展有限公司合作共同开发了多门课程。对于这些应用型课程，我们要求理论与原理尽可能简洁明了，重点放在操作和实训上，尽可能地让学生动手动脑，增加实操，通过布置作业，促使学生练习。这套系列教材就是我们教学改革的系列成果之一。

我们将这套教材推荐给高校应用心理学的老师和同学们，也推荐给各类心理学培训机构，希望你们在使用该套教材的过程中提出宝贵的意见和建议（931974838@qq.com），以便我们再版时进行及时修订，不断完善和充实，从而真正实现“应用心理学家”的培养目标。

应用心理学校企合作实训教材编委会

王宇中

2023年1月

前言

心理亚健康问题已经成了人们常常需要面对的问题，习近平总书记提出“大健康”的观念，其中心理占了非常重要的位置。在遇到问题的时候，人们可以自己采用各种各样的方法进行解决，也可以向专业心理咨询师进行咨询，从而达到自我疗愈。

很多人意识层面懂得很多或者明确地知道如何做，可是却不会去实施，或者结果与自己预期的相差甚远，主要是自己的潜意识与意识不一致。人们需要做的是把自己的意识与潜意识沟通起来，使意识和潜意识的行动一致。催眠与音声疗愈可以直接作用于人的潜意识，使人的身心得到健康的发展。

本书共有 4 章，第一章主要是介绍催眠技术，第二章介绍音声疗愈技术，第三章是催眠与音声疗愈相结合的实践，第四章提出了对音声疗愈催眠师的要求。全书在整体介绍临床催眠技术的基础上，进一步结合用于疗愈的音乐、音声技术，发展出一套独特的“音声疗愈催眠技术”，以更全面有效又相对易于掌握和运用的技术疗愈来访者。将音乐与催眠结合并更好地促进来访者的疗愈，是本书最大的创新。本书适合心理咨询师，当然最好是有点心理学基础或者对心理学感兴趣的人阅读；也适合想要自我成长的个体阅读。

本书很多内容都是作者在实践中总结得出的，具有重大的现实意义及实施的可能性。当然心理咨询师在掌握具体的技术后，还需要不断练习，才能达到自动化的阶段，否则音声疗愈催眠只是理论上的技术。

本书能够出版，要感谢学校及院系领导的大力支持，特别是王宇中教授的支持，他从开始编写到成书，给予了我们非常多的帮助。

在本书撰写的过程中，我们参阅了大量国内外有关的文献资料，汲取它们的精华，在此向这些作者致以衷心的感谢！由于作者水平和阅读资料有限，书中可能存在不足之处，敬请各位同行专家和读者斧正。

何荣娟

2023 年 1 月

目录

导　论

> 在一切力量运动的初始，存在着音乐、旋律，即在时间初始，产生图样频率。每个物质分子不论在音高、形态或独特频率、乐声的泛音中皆会表现其特质。在我们创造音乐前，音乐先创造了我们。
>
> ——译自 Joachim-Ernst Berendt 所著 *The World Is Sound*

你知道吗？音乐产生之初是为了治病。追溯到仓颉造字时，“樂”（乐）字之上加上“草木”就得到了“藥”（药）字，可见“乐”在产生之初，是用来治病的，是“药”的祖先。

我们都曾听过动听的钢琴演奏，但如果是一台失修的钢琴所发出的声音，会带给人什么感受？它往往会走音，发出不和谐的声响、杂音，让人感到烦躁、不舒服。而引起这些负面感受的，很可能只是其中一个微小的零件发生了偏差、错位，就引起了整体的失衡、混乱。这时候，调音师会对钢琴进行专业、精准的调试，让每个零件的振动频率恢复到和谐状态，然后钢琴又能重新发出和谐动听的乐声。

人体也是这样，身体本身就是一个复杂精妙的“乐队”，如果体内某个“乐器”（身体器官或系统）按照自己的音调走，而不与身体其他部分协调，身体就会开始发出“杂音”、失准，亚健康甚至疾病的状态就开始了。

作为临床心理咨询师，其工作是给来访者一剂“心药”，帮助来访者减轻痛苦，支持来访者寻得人生的幸福彼岸。不过，要想帮到来访者，仅仅说些“心理话术”是远远不够的。心理咨询师的信息如何传递到来访者的潜意识层面，对其产生更深层次的影响，是疗愈咨询中的重要问题。临床催眠技术在疗愈咨询中发挥着重要的作用，不仅帮助心理咨询师对来访者有更深的洞见，而且使心理咨询师理解来访者是如何建构其个人世界，以及其心智模式如何造就了其当下的心理、行为和情绪问题。此外，催眠可以提升来访者的自我效能感和独立性，帮助其获得更高层次的控制感，感觉自己拥有更多的资源，也更加自信。

然而，很多催眠学习者在实践中都发现，催眠是易学难精的技术，貌似有很多成熟的导入技术、引导方式、催眠脚本，催眠师可以站在前人探索的丰富成果之上轻松取得成功。其实不然，因为在心理治疗中，催眠过程极具个性化，催眠师只有对人性有深入理解、极度敏感和对方法的丰富运用经验，才能迅速在千差万别的治疗场景中灵活切换，找到适合来访者的导入、强化、引导方式。这也使得很多催眠师在实践道路上困难重重，屡受挫折。

此外，在更广的疗愈领域中，有很多完全没有学习过专业催眠疗法的人，借助一些适当的工具，却能轻松把人导入催眠状态，并进行有效的身心疗愈——你是否曾经聆听一首乐曲之后，感觉疲惫顿消、神清气爽？你是否曾经参加过一场音乐会，仿佛置身另一个世界之中，结束后感觉心中烦闷消散一空？你是否曾经置身于空灵的山谷之中，听着清脆的鸟叫声，感觉胸口舒展、头脑清爽？这些正是音乐和声音对人身心的疗愈作用，其实它们也可作为更简单、直接的催眠导入手段，应用到心理治疗、咨询领域中。

本书就是在介绍临床催眠技术的基础上，进一步结合音声疗愈技术，发展出一套独特的“音声疗愈催眠技术”，以更全面有效，又较易掌握、运用的技术帮助来访者进行疗愈。

如果你以往已经有一定心理学、心理咨询基础，那么相信你可以从本书开始，走进催眠和音声疗愈两种技术的大门，获得对它们的整体认识，然后再迈进一步，洞见这两种技术结合运用所产生的火花，并感受各种案例中音声疗愈催眠技术的独特魅力。

第一章　催眠技术

第一节　催眠的定义和流派

一、催眠的历史和定义

（一）催眠的历史

1. 麦斯麦的“动物磁气学说”　催眠治疗的先驱并非医生，而是一位天主教神父加斯那（Gassner）。在18世纪，患病被认为是“中邪”，需要把邪恶驱赶出躯体才能重获健康。加斯那在教堂里举行仪式，声称上帝通过他来驱赶患者身上的邪恶。近代催眠疗法之父是精神科医生弗朗兹·安东·麦斯麦（Franz Anton Mesmer，1734—1815年）。他生活的年代，正是占星术和牛顿力学风行于世的时候，他年轻时专门研究恒星、行星对于人体磁场的影响及其对治疗的作用，他的博士论文即以此为主题。毕业后他开始行医，一度获得极大的成功。

麦斯麦借鉴占星术和牛顿力学理论，认为星体的磁力会影响人体的功能，一些人之所以精神错乱，是因为体内磁力失常。他认为“驱邪”并不是教父能够治疗疾病的关键，而是教父手中拿着的金属十字架的磁性所产生的作用。他还认为，不仅人体内有磁气，猫狗、鸡鸭和青蛙等体内也有，从而提出了“动物磁气学说”。他宣称自己体内具有某种能治病的特殊磁气能量，并能将此磁气能量传达给他人，调整人体的不平衡，达到治病的效果。

麦斯麦故意制造一种神秘的环境氛围——一间精美的屋子，四周装满镜子，室内焚燃清香，邻室有乐队演奏优美音乐。受术者坐在舒适的椅子上，身着丝绸礼服、胸戴勋章的麦斯麦气宇轩昂地走进房间，受术者即对其立即产生一种尊敬之情和强烈的信任感。他在个体治疗时采用按抚法，将双手放于受术者两肩，由肩部开始按抚，经臂、腕至指尖，再由指尖经腕、臂至肩部，如此重复多次。然后将手放在患病部位，微微震动，进行治疗。

麦斯麦一种集体治疗的方法是，在光线暗淡的房间中央放一个大水桶，桶的四周装有许多磁棒，让受术者围坐在水桶四周，将磁棒接触患病部位。麦斯麦手执长鞭，在音乐声中回旋于受术者之间,用手中的长鞭或手触摸患病部位,促使受术者出现大喊大叫、沉沉入睡、剧烈痉挛等反应,反应过后就康复了。这就是他所宣称的"动物磁气疗法"。

当时麦斯麦的学说成为一股风潮,轰动整个欧洲大陆。后来由于医学界质疑他的学说和盈利活动,他很快便陷入强烈的科学审查压力之下。特别是在法国,国王路易十六下令皇家科学院成立了调查委员会,几个主要的科学调查组的共同结论是:该理论毫无科学依据!

实际上,麦斯麦初期利用磁铁,后来又故弄玄虚地使用神秘装置磁气筒,在受术者身上产生的生动效应不过是想象、暗示的作用及受术者对施术者崇拜、迷信的结果。

2. 催眠的提出　英国曼彻斯特外科医生詹姆斯·布雷德(James Braid,1795—1860 年)作为现代学者,研究动物本能在治疗上的应用,发现催眠治疗心因性疾病所产生的神奇效果实际上是动物的自愈能力。

1841 年 11 月,布雷德细心观察一位来自瑞士的医生利用麦斯麦术为患者治疗的全过程,试图戳穿其骗术,结果并未发现任何破绽,而患者的确痊愈了。于是他摒弃偏见,亲自从事催眠研究,并于 1842 年写了关于催眠的第一本专著《神经性睡眠》,将麦斯麦所谓的"动物磁气学说"更名为"催眠"(hypnosis)。

"hypnos"是古希腊神话中的第三代神,是主管快乐与自在之神,又称为睡眠之神。布雷德认为,催眠状态并非真正的睡眠,而是精神(注意力)的集中。他认为诱发催眠的机制,乃是来自专注力固着在单一一个点或是单一的想法之上。他让受术者紧盯着一个盛了水的玻璃瓶或略高于眼睛上方的一个点,几分钟后,受术者的眼睛就会因疲劳而闭上。他起初称此为"神经催眠",后来简称为催眠,再后来又建议以精神集中状态来代替,将其命名为"单一观念"。

布雷德把催眠术从麦斯麦渲染的神秘气氛中解脱出来,是从科学角度解释催眠现象的第一人,被公认为现代催眠术的开山鼻祖。

3. 南锡学派的暗示理论　19 世纪的科学家开始广泛关注催眠术,也对催眠术存在诸多争议,从而进行了更加深入的学术研究。法国南锡学院的奥古斯特·利比奥特(Auguste Liebeault,1823—1904 年)认为催眠是直接暗示的结果。他的催眠方法是,在距离半米处与受术者两眼对视,不得闭合,当受术者双眼疲劳时,对受术者说:"你的眼睛很疲倦,眼皮很重,你越来越困,你的眼睛睁不开了,你睡着了。"然后发出消除症状的直接暗示。他发现将布雷德的凝视法同语言暗示结合起来,可以使 85% 的人进入催眠状态。他常常用催眠术替人治病而不收费,所以收集了许多研究资料。在此基础上他提出了"人为的睡眠状态"的新学说,于 1866 年出版了《类催眠论》一书,指出医生及患者的关系对催眠现象的发生及其治疗效果有重大的影响。据说此书只卖出一本,买者是南锡学派另一领军人物希波莱特·伯恩海姆(Hippolyte Bernheim,1837—1919 年)。

伯恩海姆是南锡学院的医学教授,起初他怀疑利比奥特是个骗子,决心揭穿他。于是带一位患者来试探利比奥特,结果利比奥特一夜之间便医好了患者。伯恩海姆转而成为利比奥特的支持者,二人合作在南锡学院开办了一个催眠诊所。伯恩海姆将催眠视为暗示的力量导致的一种身心状态,并认为催眠是睡眠的特殊形式,是催眠对象的注意力集中在施术者的建议(暗示)上,从而强化了催眠过程的心理特性。他在催眠之前,先对受术者做详细解释，并让其观看催眠治疗的过程，从而消除其疑虑与恐惧心理，并产生预期作用。在大约 20 年中，他们的诊所用催眠暗示医治了三万多名患者，并取得了巨大成功。欧洲各地的医生纷纷来到南锡学院学习和研究催眠，弗洛伊德就是其中之一。

法国著名神经科专家、巴黎大学的吉恩·马丁·夏柯（Jean Martin Charcot，1825—1893 年）教授专注于神经系统失调的研究。他认为催眠是一种癔症（歇斯底里症）现象，只会发生在精神病患者身上，凡被催眠者都有癔症的隐含个性。他于 1878 年开始以癔症女性为对象研究催眠，认为催眠状态是一种和癔症发作相似的状态。换句话说，所谓催眠，不过是人为诱导受术者进入癔症状态而已。很多人接受了他的观点，将其观点称为塞尔佩萃学派或者巴黎学派，成为和南锡学派鼎立的催眠学派。

4. 弗洛伊德与催眠　夏柯在临床上使用催眠试图发现癔症的器质性原因，这引起了弗洛伊德对神经症的心理原因的兴趣。于是 1885 年 8 月弗洛伊德开始在巴黎师从夏柯。1889 年，弗洛伊德再次来到法国，向南锡学派的利比奥特学习催眠，并认识到催眠可以把压抑在意识深处的能量引导到意识表面上来。1895 年，弗洛伊德与当时一流的催眠师布鲁尔（Breuer，1842—1925 年）合著了《歇斯底里症的研究》一书，结论是歇斯底里症的实质是伤害体验被压抑了。

布鲁尔通过催眠术来证实这一理论，而作为不成功的催眠师，弗洛伊德则发展了精神分析理论来阐释该结论的可靠性。弗洛伊德将人的心理现象分为意识、前意识和潜意识。他认为潜意识中既有许多病态信息，也有丰富的自愈潜能，催眠术就是脱离表浅意识状态而与深藏意识沟通并影响潜意识的有效方法。由此看来，催眠术是开启潜意识门户的金钥匙，这对弗洛伊德潜意识理论的提出具有重要的启迪作用。

弗洛伊德与卡尔·古斯塔夫·荣格（Carl Gustav Jung，1875—1961 年）一起研究催眠，但由于两人都只会用权威性直接暗示的催眠法，患者经常产生抗拒或移情阻抗，效果并不理想。有一次一名年轻的女患者跳起来，拥抱并亲吻了他，弗洛伊德惊呆了，认为催眠太不稳定，不能再继续运用了。后来，弗洛伊德和荣格都宣布催眠术没有医疗价值，从而放弃了催眠术的使用。

在催眠治疗中，催眠师的信心对能否取得良好的效果非常重要。弗洛伊德除了对催眠术缺乏自信外，还认为暗示治疗有风险，错误地认为去掉一个病症后会形成一个更严重的症状，如消除酗酒欲望后，患者会以吸毒来代替。一些追随弗洛伊德而又对催眠术无知的精神病学家，以此为根据在大众杂志和医学刊物上撰文攻击催眠术，使很多人对催眠术心惊胆战。后来由于弗洛伊德心理分析的盛行，催眠治疗几乎销声匿迹，催眠的“香火”仅靠江湖术士的舞台秀才得以延续，直到第二次世界大战，催眠术才再次获得科学界和医学界的重视。

尽管弗洛伊德后来放弃甚至反对催眠治疗而主要依赖自由联想、释梦和移情分析、阻抗分析，但他的潜意识理论对催眠术和催眠治疗的发展仍有巨大的推动作用。

5. 催眠热的重新兴起　第二次世界大战结束后，许多士兵因战争受到创伤，产生了极大的精神困扰。当时以精神分析为主的心理治疗费用高昂、时间漫长，而催眠术因其在治疗战争神经症患者、牙科患者和产科疾病方面的经济、快速和有效受到了极大的重视，其研究特别是应用进入了新的快速发展期。

美国、英国等国家的医学界均正式承认催眠术是一种有效的治疗方法,使催眠术被越来越多的临床医生所采用。例如,很多牙科医生在治疗中使用催眠麻醉,一些国家的牙科医生与医疗协会认可催眠的使用。

美国心理学会于1945年在总会之下特别设立了催眠心理学分会。德国、英国、法国、意大利、加拿大等国家也相继在心理学会下专设催眠研究学术分会或单独成立了催眠学会。1955年,英国医学会肯定了催眠在医学临床中的应用价值。美国医学会经过2年的调研,于1958年发表声明支持催眠治疗与医学上的催眠使用。同年国际催眠学会成立,推动了世界各国对催眠心理现象的原理及催眠术应用的研究。在欧美国家的影响下,日本在1956年成立了催眠研究会,在1963年成立了催眠医学心理学会。后来美国先后成立两个由内科医生、牙科医生、精神病学家和心理学家组成的国际性催眠团体,一个是总部设在纽约的"临床与实验催眠术协会",另一个是设在明尼苏达州的"美国临床催眠术协会"。

6. 艾瑞克森与当代催眠学　当代世界上最具影响力的催眠大师是米尔顿·H. 艾瑞克森(Milton H. Erickson,1901—1980年),他是正规的精神科医生,最早研究精神分析,后又研究催眠,成为第一个在美国国会对议员讲催眠的催眠师。他是美国催眠治疗领域的泰斗,也是运用催眠快速解决心理问题的翘楚,因此是举世公认的医疗催眠大师。催眠术在最近几十年再度兴起并越来越火热,在助人专业领域中被作为一种重要的心理治疗工具,应主要归功于艾瑞克森,是他穷其一生的努力。

艾瑞克森认为催眠术是一种两人或多人之间相互的关系,是一种帮助人们拓展其自我觉察限制的有效途径。催眠状态(包括意识和潜意识)是自然的,是一种特殊的学习状态;当身份处于混乱(解离)的情况时,催眠状态就出现了,目的是重新建立身份;一些社会或心理仪式就是人为化的催眠。他说:"催眠师不能'控制'患者,他们只是帮助患者学会'利用'自身的潜能及潜意识,从而更容易达到期望中的治疗结局。"

艾瑞克森指出,催眠疗效的取得,并非一定要以受术者进入"恍惚"(trance)状态为前提。讲故事是艾瑞克森的专长,也是他在心理治疗过程中采取的主要模式。他在颇具启发性的治疗故事中,常穿插一些鲜为人知的医学、心理学及人类学知识,通过间接暗示,巧妙引导受术者在不知不觉中进入催眠状态,从而改变其意识,矫正其偏差行为。这种方法可避免受术者过多注意或检验自己,减轻其对是否能被导入催眠状态和是否能达到预期治疗效果的疑虑,可消除受术者对催眠的恐惧和有意无意的抵抗。很多人将这种间接暗示的新型催眠诱导方法称为现代催眠,而尊艾瑞克森为现代催眠治疗之父。

艾瑞克森开始挑战传统的治疗观念,进一步改造传统催眠技术,强调来访者或称受术者是催眠治疗的主体,这与卡尔·罗杰斯(Carl Rogers)的"来访者中心"理念不谋而合。在那个年代,弗洛伊德的分析取向占心理治疗的主导地位,使得心理咨询要花很长时间,治疗费用又很贵,艾瑞克森的催眠对于很多人来说是非常可贵的。

(二)催眠的定义

对于催眠,人们至今仍没有一个统一的定义,下面摘录多位著名催眠大师、心理学家对催眠的定义或说明,给大家一些启发。

催眠是运用暗示以直接或间接的方式增强暗示的敏锐度。这种状态绕过了心灵批判的机制，选择性地去注意被给予的暗示。

——Dave Elman

催眠是一种注意力下焦点的缩小，当外在的感官注意力转向内在，就形成了催眠现象。使用“trance”而非传统所使用的“hypnosis”来代表催眠，强调催眠是一种特殊的意识转换状态，而非被动的类睡眠状态。

——Milton H. Erickson

催眠是个体高度暗示性的表现形式。

——C. Hull

意识里的批判活动缓慢下来的那一片刻，被动性瞬间的发生，在这个时刻，催眠师给予当事人暗示，使得当事人绕过了批判机制，而得到催眠的恍惚状态。

——Charles Tebbetts

催眠术只是单纯地夸大了暗示的接受度。

——George H. Estabrooks

催眠状态是脑部皮质周围区域抑制、中心区域兴奋所创造的结果，这种状态是由强而单调的刺激与活动的减少来实现的。

——Lewis R. Wolberg

催眠是由他人引起的被催眠者注意力暂时变动的状态，在这种状态下，对象可以自然地或由言语及其他刺激产生多种不同的现象，如意识和记忆的改变、暗示性的增高，并出现一些非同寻常的反应和观念。

——英国医学会

催眠是一种由他人引导的注意力暂时改变的状态。伴随这种状态，由指导语或其他刺激诱导出各种现象，包括意识与记忆改变、受暗示性增强，以及正常状态下不易出现的反应及想法。

——美国心理学会

也有国内专家从社会认知的角度，认为催眠只是一种角色扮演：催眠并不神秘或奇怪，它的作用只是反映了催眠师和受术者之间的一种特殊的关系。一般来说，受术者事先对催眠已有所了解，知道催眠后会发生什么。在催眠中，受术者只是扮演了一个特殊的社会角色——被催眠者。这个角色意味着受术者将无条件地接受催眠师的指挥。由于是角色的要求，受术者在进入催眠状态后，就倾向于顺从催眠师的指示，做出特定的行为或产生特定的感受。（彭聃龄《普通心理学》）

纵观上述不同名家的言论，有的从催眠状态的角度去定义催眠，有的则是从催眠机制的角度去定义，或者二者兼有。下面我们就从催眠的特殊意识状态和背后的运作机制两个方面来整合以上言论，进一步认识催眠。

二、催眠的流派

（一）三大流派对催眠的认识

根据以上各种对催眠的认识，不同的学者发展出了对催眠技术的不同应用方式，从而分成了不同的流派。现在一般分为三大流派：权威派、标准派和合作派。

1. 权威派　属于父性的，强调催眠师的能力，其代表人物是麦斯麦先生。该流派属于指令性的，比较强硬而坚定。古代原始部落中的巫士（巫医）对人们的催眠，一般就是这种权威式的催眠。而在现代，秉承权威派的催眠师，则是更多地把催眠运用到舞台表演上。

舞台表演催眠术时经常有这样的场景：一个或一群体验催眠的志愿者（其中也不乏抱着怀疑态度的人）走上舞台，催眠师做出简单而冲击强烈的动作、语句，或拉着志愿者的手，发出简单的指令"睡"，志愿者突然仿佛晕倒似的进入催眠状态，身体瘫软，坐到椅子上，像是睡着了。此外，还有经典的钢板催眠。

这些舞台表演使人们对催眠形成了难以抹去的深刻印象，觉得催眠师可以控制人的思想，催眠很可怕，甚至恐惧被催眠。这对催眠用于心理治疗的发展起到了很大的负面影响，阻碍了催眠治疗技术的发展。

在国内，中国中医科学院广安门医院副院长、北京中医药大学教授汪卫东教授，经过二十几年的临床实践，逐渐形成了低阻抗意念导入疗法（thought imprint psychotherapy in a lowered resistance state，TIP 技术）。这是建立在低阻抗学说和意念导入学说的基础上，通过言语和行为的诱导，使来访者进入某种从清醒到睡眠这个过程的中间状态，将来访者需要的由言语的和行为信息组成的某种"思想、理念、观念"（包括古今中外各种心理治疗方法和技术）导入来访者，通过暗示的作用，使来访者在接受上述信息之后，形成自我大脑中的某种符合治疗需要的"境像"，再影响、覆盖、代替来访者过去的相关信息，最终达到来访者的记忆和内隐认知，并达到某种心理治疗与心理康复作用的治疗方法。

这种技术从底层逻辑来说，也是认为催眠就是一种被动和服从的状态，运用了有中国特色的方式，把来访者头脑中本来没有的东西输入其意识中，覆盖代替原有的信息，从而实现重塑信念系统的目的。其实这也是一种权威式的治疗理念。

2. 标准派　标准派不强调催眠师的威力，而强调以来访者为研究的主要对象。强调催眠的流程，认为谁来做催眠不重要，假设催眠反应性是个体的稳定特质，更重要的是流程。标准派开始研究催眠的统计学，认为催眠师可以运用一套标准化的沟通方法，不论遇到什么样的来访者都可以保持不变。换言之，来访者要么是可以被催眠的，要么是不可以被催眠的。催眠师的行为实际上并不重要。标准派将催眠的成功和失败都归于接受催眠的来访者身上，而催眠师的能力水平并不那么重要。

标准派尤其被实验心理学家所推崇，近年来也由国内"动力催眠"学派进一步推广，它有一套催眠架构，学习催眠时有一个可参照的东西。开始学习催眠时如果从标准派入手，会比较容易掌握催眠方法，这是最高效的催眠入门方式。

3. 合作派　合作派强调催眠师和来访者的关系，就像心理咨询中讲究的咨访关系，初次心理咨询中就要建立良好的咨访关系。合作派的催眠与其他学派的催眠一样，需要先营造氛围，让来访者体验到安全感和信任感，催眠师要具备足够的亲和力。其催眠的推进比较缓慢柔和，没有明确的方向和形式，多采用间接暗示。艾瑞克森就是创立合作派的先锋。

催眠没有千篇一律标准化的模式和方法，而是强调催眠师应该根据来访者的特点，针对性地找到最适合他的催眠方法。艾瑞克森为催眠做了大量的工作，很多工作都具有开创性。他把催眠从街头卖艺的境地拉到能够登上大雅之堂的心理治疗领域，对催眠术的发展起到了历史性的价值。但实际上，合作派的催眠实践对催眠师的内在稳定性、灵活性及对来访者内心的准确把握能力等都有很高要求，初学者不易掌握，很多经验不太足的催眠师也会遭受挫折。

上述 3 种催眠派别取向对比及工作区别分别见表 1–1、表 1–2。

表 1–1　常见催眠派别取向对比

派别	情景/背景	意图	关注点	催眠沟通模式	受术者一般任务	诱导时间
权威派	宗教/反宗教场合、夜总会、成功学课堂、舞台表演等	控制思想，建立权威，指导、娱乐观众	催眠师的权威性、煽动力、魔法、人格魅力	直接、专横的指令，机巧、令人信服的言语及非言语信息	表现出“受控制”的不寻常行为	短
标准派	实验室	研究具体现象，把催眠规范化，寻找“合适的”催眠对象，训练可催眠度	受术者催眠感受性的高低	标准化的指导语和流程（通常为许可式的）	跟随催眠师的指导语出现身心反应	短–中
合作派	艾瑞克森式催眠：用于临床实践	创造转变机会、引发内在转化、提升人格、心灵成长和疗愈	催眠师与受术者双方的合作关系：催眠师是否足够敏感，有能力契合受术者的内在状态	灵活，根据受术者的特点随机应变的模式，通常是同步和引导式的	在安全的人际环境下得到安全且自主的内心体验	可变化，但通常较长

表 1-2 常见催眠派别工作区别

派别	诱导手法及风格	对“非催眠”反应的解释	兴趣点/关注点	催眠起效机制	催眠师的执行守则	学习难度
权威派	快速、权威，运用生理机制和瞬间震撼、信仰崇拜效应	受术者出现抗拒、不合作、没有灵性等	受术者的行为	受术者的服从度、从众心理，催眠师的权威性、影响力	建立权威，训练服从度，群体效应，影响力技巧	大，看人生、社会积累
标准派	运用阶梯式测试评价，以及反复（行为操作式的）训练效果	受术者对催眠缺乏感受性或感受性低	受术者的行为	暗示反应能力/特质的强弱程度	循序渐进、反复地检测和训练	小，最易入门
合作派	建立柔和的关系，许可并跟随受术者进度，敏锐觉察当下可运用的身心信息，以诱发受术者的潜意识	催眠师还需要根据受术者的特点调整诱导方式	受术者的内心体验和后续行为变化	关系、意愿、潜意识的智慧	厘清与强化动机，激发合作意愿，亲和力、连接度，唤醒潜意识，人际敏感度	大，不易入门

注：改编自 Stephen G. Gilligan 的 *Therapeutic Trance*。

三、科学催眠

值得一提的是，随着现代科学的发展及临床催眠的不断探索、发展、改良，1987 年，美国成立了第一家催眠疗法的大学——美国催眠动机学院（Hypnosis Motivation Institute-CA-Tarzana，简称 HMI）。其创始人约翰·卡帕斯在他 32 年的职业生涯中潜心钻研，通过在十万人群体中检测，三万多个个案的实践和总结，提出了“信息单位及超载”理论、“情绪型和躯体型暗示感受性”等革命性催眠模式，完全颠覆了上述传统催眠概念及工作机制，掀开了科学催眠的新篇章。

自 2009 年起，曾在美国就读于 HMI 并系统学习了临床催眠治疗理论方法与治疗培训的马春树博士，将 HMI 全套系统的课程（从催眠师、催眠治疗师到临床催眠治疗师）带到国内，再经过近年来对国人的临床实践，创立了适合国人的“动力催眠”技术体系。按照马博士的描述，动力催眠“作为第三代催眠技术，直接调动潜意识的边缘系统和原始脑的活性功能，调整自主神经系统的弹性，让它恢复到最有活力的状态”，我们可以将其理解为创新的标准-合作派。

为了让大家在进一步了解后面的操作技术时能综合这些不同理论来理解、实践，下面为大家简单介绍一下 HMI 催眠中的两大突破性理论。

1.“信息单位及超载”理论　人的心智分为意识心智、批判区、现代记忆区和原始区 4 个部分。正常一天的信息单位首先输入意识心智，然后进入批判区的意识部分，它们在这里进行积累和保留。批判区是一部分意识和一部分潜意识,因为人体已经被教育和训练,发展出一种在意识层面分析评价的判断力。与此同时,人已经学会了在潜意识层面去避开任何威胁自身的事物。只要意识存在,批判区就不会分析信息单位或放它们进入现代记忆区,但是当睡觉时或者意识终止时,就像在催眠状态中一样,没有意识判断能力去抓住它们。具体可见图 1-1。

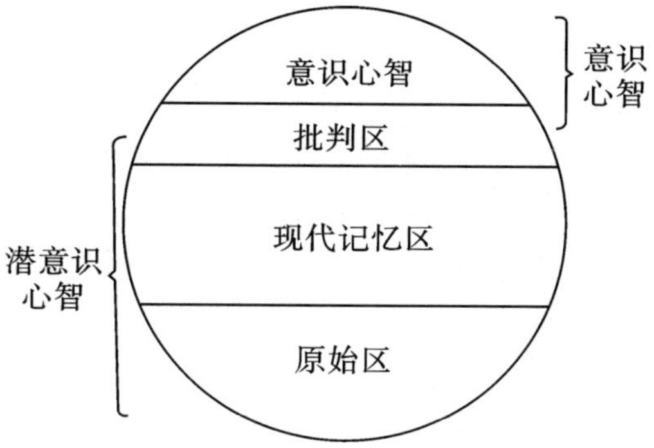

图 1-1 人的心智

如果太多信息单位累积在批判区,身体就会疲劳,开始准备进入睡眠状态去减轻压力。大脑可能会变得混乱,使个体疲劳、急躁易怒、心烦意乱。一个人的情感创伤越多,越需要更多的睡眠,相当大的创伤会导致所谓的"抑郁的睡眠"。

人一旦进入睡眠,积累的信息单位立刻进入潜意识心智。在这里信息被评判分析,一些被允许进入现代记忆区,其他的通过做梦释放或发泄出来。这些处于现代记忆区的信息,最后开始渗透进原始区的不同部分。

如果一个人接受过多的信息单位而无法睡眠或逃避时,就会进入高暗示感受性状态,并伴随着焦虑。此时,批判区变得较少评判(因为批判区受到威胁,意识在高暗示感受性状态下出现类似睡眠的状态),开始让信息单位任意进入。这样一来,就造成了被动的状态,增加了高暗示感受性。一个暗示到达现代记忆区所花费的时间越长,它就会变得越弱;在批判区待的时间越长,就会变得越扭曲和削弱。

在以上对心智的研究基础上,"信息单位及超载"理论认为催眠的作用原理在于:日常输入时,有意识地创造一个暗示输入的模式要花费很长的时间。在催眠中,一个暗示从意识心智进入批判区,批判区通常会迅速开放,让暗示进入现代记忆区。一旦一个暗示被现代记忆区接受,它就会返回批判区,意识心智最终会接受并在此基础上行动。在催眠状态下,给出一个暗示要比在意识状态下给出暗示强很多,因为信息能快速通过批判区进入现代记忆区,没有时间被削弱。

在催眠中,意识心智不但能够忽略和释放信息单位,而且能够接收信息单位,当意识活动终止,信息单位立刻被发送进潜意识心智,这就是通过催眠释放暗示的过程。

如果一个暗示产生一个积极反应,这个反应将变成一个永久的习惯,并且不需要恒定的意志力和动机来维持,催眠的效果便由此产生了。

2. 情绪型和躯体型暗示感受性理论 在传统催眠理念中,催眠师一直很关注受术者的催眠深度,认为他们进入催眠状态越深,催眠获得的效果就会越好。而有 60% ~70% 的人因为“暗示感受性太弱”,进入的催眠深度太浅,从而被催眠师拒之门外。

但 HMI 则认为受术者存在两种暗示感受性——躯体型和情绪型。每个人容易接受暗示的事物有所不同:以躯体型暗示感受性为主的人,会容易被对其身体感受进行直接暗示的信息所影响;以情绪型暗示感受性为主的人,会容易被对其情绪、行为进行间接暗示的信息所影响。还有一些人,对以上两种类型的信息都很敏感,也就是两类信息都很容易影响他,这类人被称为“梦游型”受术者,是传统舞台催眠表演的最佳对象。而在过去,催眠师认为可以进行催眠治疗的对象往往就是上述以躯体型暗示感受性为主的来访者,被拒之门外的人则往往是偏“情绪型暗示感受性”来访者。

HMI 通过对这些不同类型的暗示感受性进行深入研究和分析,认为这些“暗示感受性较弱”的情绪型来访者并非不能被催眠,他们只是需要通过间接、推理的方式给予暗示影响,他们甚至更加需要被催眠。

HMI 也提倡不再追求所谓的“催眠深度”,因为对于“高躯体型”或者“梦游型”的来访者来说,本身就非常容易进入催眠状态,甚至本身就在深深的催眠状态之中,太容易受外界刺激影响,催眠治疗的目的反而是减弱他们的敏感度。

基于上述理论研究,HMI 催眠更强调对不同类型的来访者给予不同方式的催眠影响,催眠师只要找到对某类来访者有效的暗示方式,无论哪类来访者,都可以被成功催眠。

第二节 大众对催眠的认识

在心理咨询的临床工作中,心理咨询师经常遇到一些情况:有的时候,根据来访者的状况,心理咨询师建议他做催眠治疗,或者通过催眠帮助他练习放松,连接意识和潜意识,调整身心,但是来访者却慌忙拒绝,不愿意接受催眠。也有的时候,家长带孩子来咨询,直接要求心理咨询师帮孩子做催眠,目的是“看看他心里想什么”。面对这些状况,笔者有点哭笑不得,感慨大众对催眠的误会是那么深刻且坚定不移。于时,面对无论是想要做还是不敢做催眠的来访者,笔者都需要先与其探讨、说明催眠的真实样子,破除其心中的疑虑或误解。

下面先来看看大众对催眠存在的一些认识误区,同时也审查自己是否也对催眠存在误解,然后了解一下正确的催眠观念。

一、错误的认识

1. 催眠像睡觉　很多人认为,催眠只是帮人体放松并像睡着了一样,自己什么都不知道。无论在照片中还是众多的影视作品中,咨询室里的受术者多是放松地躺在一张沙发或躺椅上,眯着眼睛,仿佛睡着一样。而且“催眠”这个词在汉语中也很容易给人以“催人入眠”的理解,所以,觉得催眠就是睡觉是很常见的普遍认知。

其实,“催眠(hypnosis)”一词最早是由英国医生詹姆斯·布雷德提出,虽然他是最早对催眠状态进行科学定义的,但hypnosis这个词还有睡眠的含意,其实是不正确的。国际知名催眠临床专家Herbert Spiegel教授表示“催眠不是睡眠”,催眠是一种高度集中注意力的状态。催眠也许在某部分类似睡眠,但是它比较接近一种高度的注意力,使得外界感官讯息减弱,如同你很专注地研读一本有趣的书时,你甚至会听不到有人在跟你说话。

催眠并非单纯的放松调整,在实施催眠的过程中,放松只是一块垫脚石,作为诱导催眠状态的其中一个手段,以此促进更复杂的催眠体验。催眠是一种意识和潜意识都同时存在的特殊意识状态,而睡眠是意识已经全然退去的状态,它们是不一样的。在催眠状态中,受术者是有意识的,可以听到甚至看到周遭发生的一切,只是意识高度专注于某一方面,对其他方面不敏感而已。因此催眠与睡眠不同,因为受术者是清醒的,而且是有警觉性的。在催眠状态的脑波是呈清醒状态而非沉睡,在沉睡中潜意识是无法达到的,但是在催眠状态下可进入潜意识并且变得对暗示是有反应的。催眠不是睡眠状态的一种形式,比较正确的理解是将催眠视为诱导潜意识活动更敏锐、注意力高度专注的状态。而且,并非只有当一个人处于放松状态、闭上眼睛时才会进入催眠状态。正如上面催眠作用机制所描述的,让批判区放弃工作有几种不同的途径,其中一种是通过突然强烈刺激,对大脑一下子造成过度信息加载,进而进入类似动物的僵死状态,这是人脑应对强烈刺激的本能反应,也是让人进入催眠的一种方式,可以完全不通过放松而进入。

催眠和睡眠有着非常大的区别:①睡眠是生理疲劳的结果,而催眠是心理诱导的结果;②睡眠受生物节律影响,而催眠可人为控制;③睡眠时人对客观世界无反应或有反应而不自知,但催眠中人与外界有互动;④睡眠时人能被叫醒或推醒,而人被催眠时必须运用特定指令才能被解除;⑤睡眠能解除疲劳,而催眠可帮助治疗躯体疾病或心理疾病;⑥睡眠中人体肌肉放松,而催眠时肌肉可紧张、可放松;⑦睡眠与催眠的脑电图不完全相同。

2. 催眠很神秘、很可怕　“感觉催眠像某种巫术或神奇的魔法”“像被操控了,失去自我,做出荒唐、后悔的事”。这些认识的形成与催眠千百年来的发展有关,同时也往往来自人们从影视作品、舞台表演中得到的对催眠的印象。

在电影里,神乎其技的催眠大师拿出怀表或水晶球,在“患者”眼前来回晃几下,患者就躺倒了,然后有的人说出了自己的前世今生,有的人道出了不为人知的惊天秘密,有的人不知道自己做了什么,甚至有的人发狂,迷失在某段过去或者虚构的记忆里!

在某些江湖传闻的高超骗术中,受骗者回忆起被骗过程时迷迷糊糊,不知道自己经历了什么,为什么当时会“听话”地交出了自己宝贵的东西,感觉一下子被“控制”了,于时,也归咎于骗子施展了催眠术。

在舞台催眠表演中,“催眠大师”一声断喝,人就被用力拽倒并闭上眼睛任人摆布的画面更是让人惊愕不已;更有甚者,在“催眠大师”的指挥之下,体验催眠的志愿者做出各种平时不会做的夸张行为,让台下观众捧腹大笑。

其实,这些要么是经过了艺术加工,要么是经过了当事人的主观臆想加工,要么是当事人被掌握了某些心理需要之下潜意识所做的“自主选择”,都不完全真实,甚至有一点欺骗成分,夸大地表示出“完全被催眠师摆布”的效果,并不是心理咨询师在临床心理咨询工作中所用的催眠技术。

例如，在效果神奇的舞台催眠表演中，每当“催眠大师”表演的时候，他总会筛选几个坐在最前面的人或者最积极的人参与。这是为什么？因为在引导人们上台体验时，“催眠大师”就有方向性地诱导那些“高暗示感受性”的人主动上台，让他们带着猎奇、崇拜、紧张、期待等心理特点来参与，而“催眠大师”又通过某些特定的词语或姿势，结合一些音乐效果，让他们进入一个“扳机点”，从而迅速进入恍惚状态。或者哪怕没有进入状态的，这些人也会因为其他人的“示范效应”而不自主地选择了从众。对于少数仍然清醒的体验者，“催眠大师”每次筛选完，就会说请没有被催眠的体验者下台。从观众的角度来看，“催眠大师”只用了一个简单的词或姿势就能迅速地引发催眠，这无疑是又一次以一种充满戏剧性的方式证明了催眠术的力量。其实那只是利用了人脑或人体的某些特殊机制而制造出来的神奇效果。

再说江湖流传的“催眠骗术”，其实骗子运用的可能是某些迷幻剂，也可能是运用被骗者的贪婪心理，根据人性的弱点迷惑了他们的心智，一步步引诱他们上钩，但被骗者不愿意对外承认是自己的贪婪作怪，所以就宁愿对外宣称自己当时“被催眠了”。

催眠状态是一种意识和潜意识都同时存在的特殊意识状态，用于临床咨询和治疗中的催眠绝不能建立在引诱、恐吓、迷惑、蒙骗等基础之上，那是不可能维持持续有效的咨访关系的。临床催眠必须在发展受术者的自主人格的基础上来进行，催眠过程是一种基于催眠师和受术者共同的力量之上的互动，双方共同参与这个过程，从而获得某些期望获得的治疗效果。虽然在特定的影响之下，催眠的确可能会存在影响人们并让他们去做违背自己意愿的事情，在极端情况下，受术者可能做出一些和他们的信念及态度不相符的事情，但是这些情境下的催眠和临床治疗情境下所应用的催眠完全不吻合，因为后者强调的是合作而非强迫对方。

如果催眠师在催眠过程中真的提出了违背受术者自身意愿的要求或暗示，哪怕是受暗示性最高的受术者也可以拒绝听从。也就是说，催眠师无法真正控制受术者，受术者在催眠过程中仍完全享有自己的自由意志，是安全的。

3. 催眠是个万能的好东西　实际上，催眠就是一个工具。就像一把刀，人们可以用它来切菜做饭，也可以用它来杀人，这个工具本身没有好坏之分。催眠也一样，催眠暗示无论是用于自己还是别人，既可以助人，也可以害人。单纯地认为催眠就是好东西，是不够客观的。

每一位真正以催眠治疗为职业的催眠师，在学好这个技术之前，先要摆正心态，把这个厉害的工具用于助人成长和有益社会的方面。同时，要明确地抑制舞台催眠的泛滥，尤其是一些冠以“科学催眠”的人，教人运用舞台催眠的方式来做催眠治疗和心理咨询，这只会给催眠事业带来严重的不良后果。只要正确运用这个工具，每一个人哪怕只是普通人，也可以利用催眠的原理，对自己进行积极的暗示，改变自己的人生。

4. 有些人不能被催眠，只有意志薄弱的人才会被催眠　催眠是一种每个人都曾经经历过的特殊意识状态：在公路上开车开到昏昏欲睡是一种催眠状态；沉浸在悲伤的电影情节中也是催眠状态；让受术者专注地回想 10 岁那年的记忆或者处在高涨的情绪中，都是催眠状态。从这个角度来说，所有人都能被催眠。

不同的人进入催眠状态的难易程度不同，根本原因不在于他的意志水平，而在于他内在是否做好了接受催眠的准备。咨询室内用于临床的催眠，都可以被看作“自我催眠”，也就是以自我愿意积极接受体验为前提。如果用“意志薄弱”的标签去看待受术者，那么，无疑是剥夺了自己放松地体验这个特殊意识之旅的机会。

5. 有可能被“卡”在催眠状态里出不来　催眠必然会涉及聚焦，注意力聚焦的方向可以向里也可以向外，这是由受术者本人来控制的。他可以自己选择开始或者结束催眠，而“卡”在注意力集中的状态中无法自拔基本上是不可能的。你能想象自己在阅读一本书的时候“卡”在读书状态中吗？

人们对催眠有此担心，往往是因为一种不常发生的情况，即催眠师给出了受术者结束催眠体验的暗示，但是受术者仍然处于催眠状态之中。当受术者对直接的暗示没有反映，没有睁开眼睛或者回到清醒状态中，某些缺乏经验的催眠师就会变得焦虑甚至惊慌。其实，在这种状态下受术者并非“卡住”了，而是主动选择暂时不终止催眠状态，可能由于当前状态十分舒适，也可能由于潜意识仍在结束催眠状态的运作中。这时催眠师只需要给出一个开放的暗示，让受术者把自己带出催眠体验即可。通常一两分钟后，受术者就会主动睁开眼睛并清醒过来。总之，从来没有人真的回不来。

6. 催眠可以让人准确回忆曾经发生在自己身上的一切　人脑不会把记忆原封不动地储存起来，记忆本身就是在知觉的基础上经过认知加工再进行储存的，因此这个过程很可能有所歪曲。在临床心理咨询工作中，催眠最重要的作用并非挖掘所谓的“记忆真相”，而是把工作重点放在受术者的情绪处理、人格发展上，很多时候心理咨询师只需要挖掘、关注受术者对某个时间的情绪感受就够了。

二、正确的认识

树立正确的催眠观念，有助于克服对催眠的神秘感和恐惧感。

第一，进入催眠状态，并不是睡着了，即使进入深度催眠状态，意识也并不会完全丧失，受术者知道自己在说些什么、干些什么，绝不会失去知觉，除了懒洋洋和困倦之外，极少有别的不良感觉。

第二，不必担心在催眠中会醒不过来，也许有些人会因为在催眠状态下很放松，很舒服，所以不想太早脱离。这时候，受术者不妨好好睡上一觉，睡足了，自然就会醒来。催眠术的安眠效果很好。

第三，在一般意识状态下，人们很难进入潜意识的世界。但是在催眠状态下，人们的注意力非常集中，很容易接受引导而打开潜意识的记忆库或给潜意识输入积极、正面的信念或能量。

第四，人的潜意识具有惊人的能力，它储藏着人类积累的智慧，它控制人体所有的自动运作。催眠可以帮助人们清除潜意识里的负面想法，让潜意识发挥最好的功效。

第五，催眠效果主要是由语言的引导、暗示来达成的，与超能力、气功、魔术、法力毫不相干，催眠并不神秘。

第六，几乎每一个人都能被催眠，只是花费时间的长短和进入的深浅不同。

第三节 催眠的一般流程

催眠的一般流程如图 1-2。

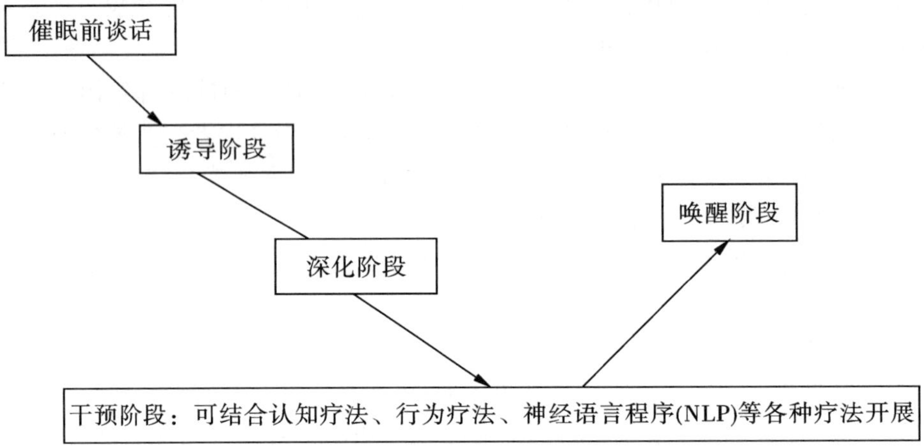

图 1-2 催眠的一般流程

一、催眠前谈话

(一)催眠前谈话的主要任务

催眠前谈话的主要任务:①收集来访者的年龄、民族、职业、教育背景、兴趣爱好、能力特长、婚姻和家庭、宗教信仰、既往经历等信息。为了节省时间,此类信息一般可通过预约表格获得。②了解来访者希望达到的目标或渴望发生的变化,判断来访者的问题是否适合采用催眠的方法来解决。③了解来访者对催眠的大概认识和此前有关催眠的体验。通过有关催眠性质的交流,使来访者对催眠过程有正确的期待。④与来访者建立和谐、信任的关系,并就催眠目标达成一致。若来访者对催眠缺乏安全感或不愿意被催眠,可用其他人做示范,或为坐在来访者身边的人做催眠,以打消其顾虑。这个过程会渗透对来访者的提前暗示,如"待会儿你可能会感觉像睡着了一样,那也很好,但你不会真的睡着,你可以听到我的每句话",让来访者产生期待,减少忐忑不安。

(二)催眠前谈话的注意事项

为了达到更好的谈话效果,以及为后续的催眠工作打好基础,催眠师在催眠前沟通时要注意以下几点。

(1)催眠师要表现出合适的自信:在催眠前谈话中,催眠师必须充满自信,对自己学习的技术充满信念感。这并非盲目自信一定能催眠来访者。初学者的自信心可能会不足，但一定要相信，无论你做得怎样，只要你认真准备、用心去做了，就会有人接受、认可并受益！随着经验越来越丰富，你会做得越来越好，认可你的人也会越来越多。

（2）催眠师的表现要职业化：职业化着装、专门的工作场所、专业的言谈举止都是催眠师对自己专业充分尊重的表现。不要因为刚开始做，或者是给熟人做，就随便应付，每一次会谈都是催眠师树立专业形象、积累经验的好机会。在与来访者的催眠前谈话中，催眠师要注意使用职业化的词汇进行表达，而且不要过分说自己的事情、经历，或者说别的客户案例，这些都会让来访者感觉催眠师不够专业，或者在卖弄，甚至感觉像社交谈话，从而影响了催眠师职业形象的建立。

（3）催眠师不能贬低其他治疗师或其他技术：在催眠前谈话中，催眠师不可避免地谈到自身对催眠的理解和认识，以及自己所秉持的催眠理念，这可能会与来访者对催眠原有的认识相冲突。注意：这个时候催眠师不能去贬低其他催眠呈现形式（如舞台催眠、影视作品中的催眠等）或者流派，因为每种形式、每个流派都有自己的价值、特长和优势，如果随意贬损他人，其实也就是在贬损自己，也会影响自己的职业形象。催眠师可以中肯地表达自己所秉持的理念和治疗形式，以及与其他理念、形式的区别，强调自己的理念是如何帮助来访者的，减少对其他理念的评论。

（4）催眠师要避免把所有问题都归咎于原生家庭的伤害：现代心理咨询已经以积极心理学的"问题解决"导向为主，在催眠咨询中，催眠师主要是协助来访者重新整合潜意识，提升神经系统的弹性，而不是以往传统催眠中不断进行前世回溯，去探索来访者的童年经历，聚焦于来访者的原生家庭关系问题，那会让催眠咨询变得极漫长，甚至在咨询过程中引发来访者更多的埋藏于心底的情绪，在其未做好准备的这个阶段引发出来，很大程度上就是对其造成进一步的伤害！所以，催眠师不要过多地关心来访者困扰的内容细节，只关心其现在状态和目标状态，把关注方向导向未来更多的可能性，以及更广阔的空间。

（5）催眠师要认清自己的位置和界限，尊重法律：在谈话中，如果催眠师所持的是催眠师职业资格证或心理咨询师资格证，那么，你没有权限对来访者进行"治疗"。注意：不要使用"治疗"等字眼，不要轻易对其症状下诊断，除非来访者自己已经在医院经医生诊断为某个病症。例如，你不能说"帮你治疗抑郁症"之类的话，取而代之，你可以说"帮你调整这个状态"。另外，作为催眠师，你不是帮助来访者解决实际问题的"调解员"，所以也要注意角色，避免在沟通中对来访者所述的具体事件做评判，更不能介入其具体事件。要知道，仅凭来访者单方面对事件的叙述，你不可能了解事件的客观全貌；每件事在不同的人、不同的社会场景下，都有其多面性，没有绝对的对错。这些都不影响催眠咨询工作，因为催眠师的工作并不需要帮来访者探查真相、做出选择，而只需要强化来访者的内在力量，增强其自我做出选择及判断的能力即可。这个理念，也需要催眠师通过催眠前谈话传达给来访者，让其对催眠咨询抱有合理的期待。

（6）催眠师要适当控制话题方向、把控时间：适当把控谈话方向和时间也是催眠师专业性的体现。不要打开话匣子就滔滔不绝，不要为了表现你的专业性便过分延伸话题，要有整体观。在达到沟通目标时，催眠师要及时结束该话题，根据来访者希望改善的问题去引导，不要扯出更多的具体细节而偏离催眠的中心，因为催眠过程才是来访者收获最大、最能感受到效果的部分。

（7）催眠师要在此阶段开始培养来访者潜意识的跟从性：这是催眠前谈话的一个重要的隐藏目标——从一开始就培养来访者对催眠师潜意识的跟从性。催眠师可以通过一系列的“Yes”问话，结合身体语言，在谈话中引导来访者表达认同，逐渐无意识地跟从催眠师。

在谈话过程中，如果来访者面对这些问题和身体暗示时，身体一直没有表现出跟从性，甚至表现出后仰、抱紧双臂等拒绝的身体姿势时，催眠师就要考虑暂缓给其进行催眠。因为来访者已经表现出很强烈的内心拒绝、自我保护，或者是抱着怀疑、挑战的心态而来的。这对于初级催眠师来说是很大的挑战，建议初级催眠师慎重选择催眠对象，先从愿意接纳、跟从的对象入手，这样才有利于更好地建立自己的专业自信。

如果是家长陪着孩子来催眠，则孩子经常会表现为上述拒绝状态，这很可能并非源于孩子对催眠师的质疑或拒绝，而是与其本来的亲子关系有关。面对这种状况，催眠师可以先让家长离开，尝试以开放、接纳的状态与孩子单独沟通，如果孩子只是当家长在场的时候有这个表现，家长离开后便有所放开，则可以先建立好催眠师与孩子之间的信任关系，然后再往下进行。但如果家长离场后孩子依然封闭、拒绝，则最好先不勉强孩子进行催眠，而是对家长先做一些辅助工作，协助其在来催眠前改善亲子关系，或者激发孩子的自主参与性后再来进行催眠。

（三）如何面对催眠前满心疑虑的来访者

有一些来访者在催眠前谈话时便表现出很多的疑虑、担心，不断问“我万一……怎么办”之类的问题。催眠师先要接纳、包容他的这些疑虑，然后以专业、权威的态度给他一一回应，不要明确表示会或者不会发生那样的状况，而是强调催眠过程中他的自由、自主性。催眠师的支持和陪伴会让来访者感受到力量和依靠，催眠师不要深入去谈这些可能的状态，因为这样会起到放大关注的反作用。

在催眠前谈话阶段，催眠师还需要鉴别来访者的情况，判断其是否适合进行进一步的催眠诱导。如果存在以下情况，催眠师就要慎重考虑是否为其进行下一步的催眠诱导。

（1）自身没有意愿者：对于这种来访者，催眠师需要先激发其自主意愿。

（2）对催眠存在恐惧、害怕者。

（3）精神分裂症患者：他们的意识层面已经无法与外界进行有效的沟通互动，催眠师应先督促其用药物控制症状，在症状得以控制的康复阶段再考虑借助催眠综合调整。

（4）智力障碍、意识层面不成熟、无法跟从者，或者年龄太小而没办法跟从的孩子：对于这些来访者，可以让家长学习催眠，然后用催眠思维的养育方法。

（5）严重抑郁症患者：催眠虽然能治疗这类患者，但重度抑郁者身心已经解离，处于深度自我催眠的状态，要用唤醒的方式来激活其动力。普通人要与外界保持开放、交流，才能存活于社会；但抑郁症患者（或少数特立独行的人）就像肿瘤细胞一样，有自我分裂、存活的能力，与外界信息失联，意识和潜意识失联，独立存活，不与外界信息交换。

二、诱导阶段

此阶段的主要任务是通过系列互动,促使来访者产生专注体验和改变意识状态。用各种诱导方法给来访者加载信息,引发恍惚状态,从而使其逐步导入更深的催眠状态,打开潜意识的大门。

催眠师可以采用标准化的诱导语,也可以根据来访者的特定需要和独特交往模式及当时的体验灵活进行诱导,从而达到集中来访者注意力、弱化来访者意识心理、使来访者进入无意识心理的目的。

根据艾瑞克森的经验,在一次催眠前谈话中,使来访者从清醒状态转入催眠状态的诱导时间,短则 3 ~5 分钟,长则 1 小时。在催眠治疗的多次谈话中,可能有 2 ~8 次谈话是做催眠训练,目的是使来访者学会如何容易地进入催眠状态。

催眠诱导的技巧有很多种,只要理解了通过信息加载可以让人进入恍惚状态,催眠师就能随意设计出不同的诱导技巧,任何可以引导来访者进入专注且放松状态的方法都可以作为催眠诱导的技巧。

在诱导阶段,催眠师先对来访者进行催眠前训练即暗示感受性测试,然后对来访者进行催眠诱导。

(一)催眠前训练/暗示感受性测试

当来访者前来寻求催眠治疗时,除了进行催眠前谈话外,紧接其后的一个重要步骤就是了解其接受催眠治疗的能力,这有赖于一系列暗示感受性测试。

Hypnotizability 是指被催眠的能力或者进入催眠状态的能力。对催眠感受性进行测试的方法有很多,主要分为量表测试和临床测试。

Suggestibility 是指接受暗示的能力,即对催眠的感受性,是一种具有稳定性并可加以测量的心理特质。催眠的感受性是正态分布的,至少在实验环境下测量得到的结果是这样的。

最初,暗示感受性测试问卷主要是用于科研,用来区分和筛选适合的受术者作为被试;在舞台催眠表演中,这类测试往往用来筛选暗示感受性高及反应性、顺从度高的人上台参与表演,以便达到理想的表演效果。

暗示感受性测试可以很有效地预测来访者进行催眠治疗的效果,但现代的临床催眠工作中用到的暗示感受性测试并非用于筛选来访者,催眠师不能把暗示感受性较低的来访者拒之门外而不提供咨询帮助,因为不同暗示感受性的人都能在催眠中有所收益,外在的反应性并不能决定其在催眠中的内在真正改变,所以不能通过测试其反应性去决定其能否进行催眠。暗示感受性测试在临床催眠中也不能作为来访者的“顺应性测试”,用来看来访者是否听催眠师的引导,顺从指挥,而是强调其自主性,通过测试中自然而然的反应,体现其真实的感受性状态,才对后面的催眠工作有价值。

以下列举几种具体的催眠前训练/暗示感受性测试方法。

1. 量表测试　国外早期的催眠感受性量表分为个体测量量表和团体测量量表,主要有弗里德兰德和萨宾量表、艾瑞克森和弗尼奥克斯量表,现在常用的标准化催眠感受性量表是斯坦福催眠敏感性量表、哈佛团体催眠敏感性量表A式及儿童催眠敏感性量表。

(1)斯坦福催眠敏感性量表(SHSS):该量表有A、B、C 3个版本。

SHSS-A包括以下12个测试项目:①身体后倒;②凝视目标后闭眼;③(左)手臂下降;④(右)手臂不动;⑤手指连锁;⑥(左)手臂僵直;⑦双手移动(靠拢);⑧语言抑制(姓名);⑨幻觉(苍蝇);⑩眼僵(眼皮粘住);⑪催眠后暗示(换椅);⑫催眠后遗忘。

SHSS-B是SHSS-A的等值形式,两者12个项目中有9个是相同的,其他的也是同样的功能。两者均适合催眠筛选,使用的催眠任务广泛。

SHSS-C被认为是SHSS-A和SHSS-B的扩展,能更好地反映测试项目中的幻想和认知,其测试项目如下:①(右)手降低;②分别移动手;③蚊子幻觉;④味幻觉;⑤(右)手臂僵硬;⑥做梦;⑦年龄回溯;⑧(左)手臂固定;⑨对氨丧失嗅觉;⑩幻听;⑪负向视幻觉;⑫催眠后遗忘。

每个项目按合格或不合格分别记1分或0分,最高得分为12分。

SHSS-A和SHSS-B在临床上不太受欢迎,因为它们关注的是学术研究而不是测试的临床目标。SHSS-C是在实验环境中对个体催眠反应最好的评估方法,它的缺点是临床使用时间太长,以至于其中一些挑战性的项目在临床上用起来很尴尬。SHSS-C的修订版本早已完成,目的是克服临床实践中出现的问题,以适应个体测试和临床需要。

(2)哈佛团体催眠敏感性量表A式:该量表的特点如下。①受术者自己评分,用于集体催眠。②该量表是由斯坦福催眠敏感性量表变化而来,可由受术者自己评分,因此既可以单独测试,也可同时测试几十人。③测试时间为70分钟左右。④该量表与斯坦福催眠敏感性量表有很高的相关性,是目前用于团体评估催眠感受性最好的标准化测试。⑤该量表的主要优点是可以同时测试大量受术者,比较省时和经济;主要缺点是在自我评分的时候很容易受团体中其他人的影响。该量表的测试项目和记分标准见表1-3。

表1-3 哈佛团体催眠敏感性量表A式

序号	测试项目	记分标准
1	垂头:头向前垂下	头向前垂下大于5 cm记1分,少于等于5 cm记0分
2	闭眼:眼睛感到沉重并闭上眼睛	在暗示左手下沉之前眼皮已经闭上记1分,没有闭上记0分
3	左手下沉:左臂感到很沉重并往下沉	左手臂降低大于15 cm记1分,少于等于15 cm记0分
4	右手固定:右臂感到很沉重并无法移动	移动右手臂少于2.5 cm记1分,大于等于2.5 cm记0分
5	十指紧锁:无法分开锁住的双手十指	手指没有完全分开记1分,否则记0分
6	左臂僵硬:左臂变得僵硬并无法弯曲	左手臂弯曲少于5 cm记1分,大于等于5 cm记0分
7	双手合掌:伸展手臂,双手结合在一起	结合双手之间的距离少于15 cm记1分,大于等于15 cm记0分

续表 1-3

序号	测试项目	记分标准
8	交流抑制:摇头表示“不”感到困难	不能摇头来表示“不”记 1 分,否则记 0 分
9	苍蝇幻觉:赶走令人烦心的苍蝇	做出了一些面部难受的反应或者赶走苍蝇的动作记 1 分,否则记 0 分
10	睁眼困难:睁开眼睛感到很困难	眼睛仍然是闭着的记 1 分,眼睛睁开了记 0 分
11	催眠后暗示:当出现击掌的声音时触摸椅子左边的扶手	至少局部地做出了可观察到的触摸椅子左边扶手的动作记 1 分,否则记 0 分
12	催眠后遗忘:回忆催眠中的事情暂时感到很困难	共包括 9 个项目(第 3 ~ 11 项),回忆少于 4 个记 1 分,多于等于 4 个记 0 分

哈佛团体催眠敏感性量表 A 式共包括催眠引导和反应手册两部分。催眠引导部分包括催眠引导语和 12 个暗示语,可用录音带播放,时长约为 1 小时。反应手册分为主观印象、客观外在反应、主观内在反应、其他主观体验和对全过程的主观评价五部分,回答反应手册时间为 10 分钟左右。

主观印象部分是由受术者根据自己在催眠过程中的体验来判断是否通过了 12 个暗示,“通过”记 1 分,“未通过”记 0 分。

客观外在反应部分列出了除催眠后遗忘外的 11 个暗示,受术者只需要根据自己的外在行为回答,选 A 记 1 分,选 B 记 0 分。第 12 项催眠后遗忘则根据受术者在反应手册开始部分回忆起来的项目数量来记分,共包括 9 个项目(第 3 ~ 11 项),回忆少于 4 个项目记 1 分,多于等于 4 个项目记 0 分。对于这 9 个项目,并不必提到每个项目的准确名称和正确顺序,只要根据受术者的描述确定它是属于哪一个项目即可。客观外在反应部分得分大于 9 分者为高敏感性个体,小于 3 分者为低敏感性个体。

主观内在反应部分再一次列出了 12 个暗示项目,每个暗示有 6 个选项,分别代表受术者对暗示做出回应的 6 个层面的意识状态。

其他主观体验部分包括 8 个对催眠体验的描述,由受术者根据自己的主观体验在 0(一点也不)到 3(非常)中做出选择。

对全过程的主观评价部分为受术者给自己进入催眠的深度在 1(完全没有被催眠)到 10(深度催眠)之间评分。

(3)儿童催眠敏感性量表:该量表是由 London 和 Cooper 于 1963 年编制的。它由两部分组成:第一部分是在 SHSS-A 和 SHSS-B 基础上编制的,包括 12 个项目;第二部分是在 SHSS-A、斯坦福催眠敏感性精细量表(SPHS)-Ⅰ、SPHS-Ⅱ基础上编制的,包含 10 个项目。它的特别之处在于采用了主观和客观结合的评分系统。量表的信度是 0.92,它与 SHSS-A 的相关性较高($r=0.67$)。

该量表很长,包括动作、认知等多种维度,全部项目如下:①身体扭动;②闭眼;③放下手;④胳膊不动;⑤手指相扣;⑥胳膊僵硬;⑦两手合并;⑧失去知觉(名字);⑨视觉幻想(苍蝇);⑩眼睛不动;⑪催眠后暗示;⑫失忆;⑬催眠后暗示(重新引导);⑭视觉幻想

(电视);⑮冷幻想(很冷);⑯失忆;⑰味觉幻想;⑱听觉幻想;⑲视觉幻想(兔子);⑳年龄回溯;㉑做梦;㉒唤醒和催眠后暗示。

该量表有两个版本,可以在很广的范围内使用:一个版本适用于5~11岁儿童,另一个版本适用于12~16岁儿童,二者在引导语方面有一些不同。

2. 临床测试　进行暗示感受性测试,可以减少来访者对催眠的恐惧和焦虑,在正式催眠前建立信任关系,且让来访者了解:他不会因为催眠而受到控制或不必要的伤害,也不会因催眠而泄漏个人隐私。让来访者感受到在催眠过程中自己所享有的主控权和对于是否说出隐私的决定权。

可以将暗示感受性测试视为正式催眠前的热身,有助于来访者在正式催眠时更容易地进入催眠状态。有时候某些来访者在接受这些测试的时候,就已经能进入良好的催眠状态,此时催眠师便可以直接开始下一步的催眠诱导。

总的来说,进行暗示感受性测试至少有3个目的。①对来访者初步分类:评估其是否容易进入催眠状态,判断其属于躯体型、情绪型还是梦游型的暗示感受性。②作为正式催眠前的热身,减少来访者对未知的恐惧和焦虑。③选择适合的方法有针对性地进行诱导:对于躯体型暗示感受性的来访者,主要采用直接暗示,配以间接暗示的方式;对于情绪型暗示感受性的来访者,则更多采用间接暗示配以直接暗示的方式。

下面介绍几种常用的暗示感受性测试。

(1)手臂升降测试

(受术者坐着或站着)

引导词:双臂向前平伸,和我一样(边演示边引导),右手掌心向上,左手拇指向上。下面你来想象一下,我在你的右手掌心放了一个很大很沉的铅球(同时用拳头轻压一下受术者掌心),在你的左手拇指上系了一个很大很轻的氢气球(同时用手指轻轻往上拉一下受术者拇指)。它们就会变成这个样子。好,现在闭上你的眼睛,在脑海中想象它们的样子,当你想象到的时候点头告诉我。

(等待回应)

好,现在再次开始想象我在你的右手掌心放了一个很大很沉的铅球,在你的左手拇指上系了一个很大很轻的氢气球。现在开始感受你右手上的铅球变得越来越大、越来越重,压着你的右手越来越低……继续感受右手上的铅球变得越来越大、越大越重,你越想把它托起来,它就变得越来越大、越来越重……铅球继续变得越来越大、越来越重,压着你的右手不断下降,继续下降……

(看受术者的反应,持续2~5分钟后,无论其手臂是否有明显升降变化,都停下来)

好,现在睁开眼睛,看看你的手。

在引导过程中,催眠师即施术者观察受术者两只手臂的升降程度,升降明显的,显示暗示感受性较强;升降不明显的,显示暗示感受性较弱。右手下降明显而左手上升不明显的,往往属于容易接受直接暗示的躯体型暗示感受性;左手也有较明显上升的,往往属于容易接受间接暗示的情绪型暗示感受性。

(2)手指分开测试

引导词:双脚平放在地面上,双手放在大腿上,腰背挺直。现在我们来做一个暗示感受性的测试，这个测试无所谓通过或不通过，只是测试你的大脑是以左脑接收信息为主导还是以右脑接收信息为主导，你不必刻意配合或者抵抗我，就让一切自然而然地发生，好吗？（施术者点头暗示肯定）

［施术者抬起受术者的右手手臂，将其手臂置于脸部约 20 cm 的位置，手指向上伸直，略高于视平线，轻拿受术者手掌，托住手肘，轻敲其中指 3 次（敲的时候稳定有力）］

过一会，当我放开你的手时，你的手臂会保持在这里，手指会自然分开。你只需要看着你的中指指尖，不需要刻意配合或者抵抗我，只需要让一切自然而然地发生就可以了。

（施术者放开受术者的手臂、手掌）

手指正在分开，手指间分开的距离越来越大，手指在分开，手指间分开的距离越来越大……（稳定、大声地重复 5 遍，然后放下受术者的手臂。使用偏快语速）

［施术者换左手，抬起受术者的左手手臂，将其手臂置于脸部约 20 cm 的位置，手指向上伸直，略高于视平线，轻拿其手掌，托住手肘，轻敲其中指 3 次（敲的时候稳定、有力）。不再说话，施术者心里默念与右手一样的引导词 5 遍］

引导过程中，施术者观察受术者两只手的手指分开距离，分开距离越大，显示其暗示感受性越强。右手手指分开的距离显示受术者接受直接暗示的躯体型暗示感受性程度；左手手指分开的距离显示受术者接受间接暗示的情绪型暗示感受性程度。

（3）湿毛巾落手法

（受术者一般坐在凳子上）

引导词：过一会儿，我会轻轻地拿起你的右/左手手腕，当我拿起你的手腕时，你的整条手臂会像湿毛巾一样沉重。当我放开你的手腕，你的手臂会自然下落到大腿上。当手臂接触大腿的那一刻，你会进入更深的催眠状态，身体完全放松……好，现在我轻轻地拿起你右/左手手腕（边说边做，轻轻摇晃来访者的手），你要完全地放松，（在放开受术者手臂的同时，施术者说）更深地睡着。

（左右交替做 3 ~ 5 次，让受术者在这个过程中越来越深地放松下来）

（4）双手紧握测试法

（受术者坐着或站着）

引导词：过一会儿，我会让你把双手往前伸直，手掌打开，十指交错紧握在一起（边做边示范）。好，现在把你的手尽量往前伸直，好像在推前方的墙壁一样，把十根手指头用力握紧，想象你的手紧紧地粘住，像被强力胶粘住了一样，越来越紧、越来越紧。你的指关节越来越紧，手也越来越紧，紧紧地粘在一起……过一会儿，我会让你试着拉开双手，而你会发现你无法拉开双手，它们会更加紧紧地粘在一起。好，越来越紧，越来越紧紧地粘在一起……

过一会儿，我会从 1 数到 3，在我数到 3 的时候，你会试着拉开双手，但你无法打开，它们紧紧地粘住了……好，现在可以停止拉开手，开始深长而缓慢地深呼吸。我会从 5 数到 0，每当我数一个数字，你都会越来越放松，你的双手十指也会越来越放松、越来越放松。5……4……3……2……1……0，完全地放松。过一会儿，我会轻轻拿起你的右/左手手腕，（边说边做）完全地放松，（放开受术者手臂，同时说）更深地睡着。

注意事项：①在临床个案中，反应大的人，显示其暗示感受性强，这样的人学习性强，容易受别人影响。而反应不明显的人，则显示其暗示感受性较弱，比较难被周围环境或别人影响。抑郁症患者，往往也是反应性很低，甚至举不起手。这样的人其实更需要通过催眠激活内在动力，提升神经系统的活性。催眠师不能因他们的暗示感受性较弱而拒绝其求助。②有的来访者听说要做暗示感受性测试，会兴致勃勃，充满期待；但有的来访者则一听到“测试”二字就觉得焦虑不安，表现会因此打折扣。催眠师要敏锐地觉察这些来访者不同的反应，避免使用让来访者敏感的字眼，可以改用“我们来做些好玩的事，看看身体会是什么反应”，这样可以营造轻松的气氛，让敏感的来访者更容易进入状态。③不能仅通过某个单独的测试来确定来访者的暗示感受性类型，而要结合几个不同方式的测试，细心观察来访者在其中的不同反应，还要结合其在催眠前沟通过程中的对视、交流等表现来综合评定。

（二）催眠诱导

在催眠敏感测试即暗示感受性测试完后，催眠师了解了来访者对催眠的情况，接下来就是对来访者进行催眠诱导。实际上，每个人都具有自行进入催眠状态的能力。所谓诱导，是指以人为方式导致催眠现象的出现。

1. 诱导目的　催眠诱导阶段的主要目的是使来访者即受术者感到放松，按程序进行操作，调整受术者的注意，使其从关注外界转向关注自我，关注个人躯体感受，胜过关心催眠师诱导语的含义，使受术者的意识变得狭窄，精神集中，观念停止，放弃批判评估和逻辑思考，从而导致受暗示性增强。

2. 诱导准则　为了产生有效的催眠诱导，必须时刻牢记以下几条准则。

第一，设法引起和保持受术者的专注。

第二，绕过和弱化受术者的意识过程，接近和发展受术者的无意识过程。

第三，尽可能采用美好、积极的诱导语，如“小桥、流水、人家”比“枯藤、老树、昏鸦”要好。

第四，根据受术者的感知类型，采用不同的诱导语，如对视觉型的人更多地采用有具体可视形象（具象）的诱导语；对听觉型的人可采用描绘各种声音的词语，也可直接用音乐或自然声音来诱导；对体觉型的人则主要用描绘动作或身体感觉的诱导语。

第五，避免使用引起受术者恐惧或不舒服的诱导语。例如，对一位患有惧光症或角膜炎等眼病的患者，以凝视法来诱导其进入催眠状态，不仅会增加受术者的痛苦，更会对其眼睛造成不良影响。对水恐惧的人，催眠师在诱导时就不要让其想象沙滩，否则容易使其紧张。

在催眠开头，让受术者连续做出几个肯定的反应，那么其对催眠师接下来的要求通常也会顺着做出肯定的反应。这同苏格拉底在与人辩论时采用的问答法，以及心理咨询师采用的“先跟后带”技术有异曲同工之妙，更是许多商业推销员常用的一招。

黄大一先生在《催眠大师 150 招》中建议：催眠师要技巧性地让催眠对象做出几个肯定的回应，如要催眠对象坐好、双腿自然张开、双脚掌平贴地面、一只手放在一条大腿上、把眼镜拿掉、关上或拿下呼叫器（或移动电话）、把上衣口袋的笔（或香烟等）拿出来放在旁边等，都是很实用（而且必要）的技巧。有时候，明明催眠对象都已经把这些请求做好了，还要故意要他稍微往前/后坐一点点，这些都是养成他听催眠师指令的技巧。

3. 诱导语分类　根据时态不同，正式诱导语大体可分为以下3类。

（1）未来式指导语：例如，“你现在看我手中的铅笔，这样你将会渐渐感到眼皮疲劳，最后闭上眼睛。”

（2）现在式指导语：例如，“你的眼皮正在变得越来越重，非常重，非常重。”

（3）过去式指导语：例如，“就像刚才我说的那样，你的眼皮已经很重了，已经很重了。”

4. 诱导示例

（1）数数法：这是催眠中最传统、最基本、最常用的诱导技术，一直深得各类型催眠师的喜爱和广泛使用。人的心智天生就喜欢数数，当一个个向下数数的时候，人就容易安静下来。催眠师可以从不同的数字开始数，让受术者逐步深入放松，所以这个技术可长可短、可繁可简，可以穿插在催眠中的不同环节进行。

下面介绍一种最简单、常用的“5-0诱导法”。

诱导语：过一会儿我会从5倒数到0，当我每往下数一个数字，你都会允许自己进入更深、更深的催眠状态，同时允许自己的身体更加放松。好，我们现在开始。5，更深地放松……4，更深地放松……3，更深地放松……2，更深地放松……1，更深地放松……0，完全地放松（同时，触眉心，打响指）……睡着！

注意：在诱导中每数一个数字，可以稍作停顿，声音不用特别神秘，只需要保持平缓、中速即可。诱导词要简单、一致，不要太复杂、多变，这能让受术者更有安全感，减少思考和批判。

再看一种稍复杂一点的复合技巧“数息法”，让受术者以深呼吸结合数数来进行诱导，适合一些头脑比较复杂的情绪型的人。

诱导语：过一会儿，你会开始深长地呼吸，每当你呼吸一次，呼气时就数一个数字，先从1数到10，再从10数回1，数的数字依次是1、2、3、4、5、6、7、8、9、10、10、9、8、7、6、5、4、3、2、1、1、2……如此反复。任何时候，当你觉得自己已经很放松进入催眠状态了，就可以发出“嗯”的一声告诉我。

这种来回反复数数法有一个很大的好处，就是受术者有时候会数着数着，数出像15、20这样越界的数字，表明受术者数到10的时候已经走神了，没有当下的觉知。催眠师可以提醒他，或者等待他提醒自己重新开始数，这可以训练其内在觉知能力。当他真的能一直在1～10的数字之间反复来回数时，说明其精神已经高度内在专注，已经处于一种自我催眠的状态。这个方法的弊端是，它需要受术者高度的自主参与性，有的人不主动参与，就会很容易中途放弃，觉得很无聊，无法取得预期的效果。

尽管这类方法实用有效，但催眠师也尽量不要在催眠全程中只是反复使用这种方式，而是运用多种诱导方法，让催眠更丰富多彩，能适合更多不同类型的人。

（2）渐进式放松系列方法：这也是最普遍、最古老的诱导技巧，可以与其他技巧结合，也可以作为深化技术来运用。受术者或坐或躺，但不能过于瘫软放松，防止睡着。施术者可以引导其靠在放松椅的椅背上，双脚平放在地面上，双手平放在大腿上，闭上眼睛。

渐进式放松有很多不同的变式，下面就是几种不同风格的诱导语范本。

1）身体扫描型

诱导语：现在开始深深地呼吸，随着每次吸气、呼气，你都会更深地放松。好，现在想象一下你的心灵像扫描器一样，从头到脚慢慢地扫描一遍。扫描器所经过的地方，你就已经开始放松了（引导扫描器从头到脚慢慢扫描一遍）。

现在把注意力放在你的头皮，慢慢地放松你的头皮、头盖骨，慢慢地放松你眼睛附近的肌肉，放松你脸颊附近的肌肉，放松你耳朵附近的肌肉，放松你鼻子、嘴巴、下巴附近的肌肉，放松你颈部附近的肌肉。放松你的肩膀，你的肩膀平时承受了太多的紧张和压力，现在统统放松掉。让这种放松的感觉慢慢向下，放松你左侧手臂，让这种放松的感觉继续向下，放松你右侧手臂，放松你的双手和十根手指。让这种放松的感觉慢慢向下，放松你的整个胸腔和腹部的肌肉。让这种感觉继续向下，放松你的整个脊椎和背部的肌肉，放松你的整个背部的肌肉，放松，加倍地放松。让这种放松的感觉继续向下，到达你的臀部，放松你臀部附近的肌肉，慢慢地放松你大腿附近的肌肉。让这种放松的感觉继续向下，放松你膝盖和小腿附近的肌肉。慢慢地让这种放松的感觉继续向下，放松你脚踝、脚掌和脚趾附近的肌肉，慢慢地放松你整个脚部的肌肉。让这种放松的感觉传达到你的全身，充分放松你的每一个细胞、每一根神经、每一根骨头、每一根血管、每一块肌肉。

再次想象你的身体像扫描器一样，从头到脚慢慢地扫描一遍，扫描器所经过的地方，就把你身体里还未放松的地方充分地放松了。

2）呼吸引导型

诱导语：现在，把你的身体调整到最舒服的姿势，闭上眼睛。眼睛一闭起来，你就开始放松了。

注意你身体内的感觉，让你的心灵随着你的一呼一吸，像扫描器一样慢慢地从头到脚扫描身体，你的心灵扫描到哪里，那里就放松下来。现在开始，你发现你的内心变得很平静，好像已经进入另外一个奇妙的世界，远离了世俗。你只会听到我的声音，外界的其他声音都不会干扰到你，甚至突然听到噪声，你不但不会被干扰，反而会进入更深、更舒服的催眠状态。

现在，注意你的呼吸，你要很深很深地深呼吸，有规律地深呼吸，慢慢把空气吸进来，再慢慢把空气吐出去。深呼吸的时候，想象你把空气中的氧气吸进来，空气从鼻子进入你的身体，流过鼻腔、喉咙，然后进入你的肺部，再渗透到你血液里。这些美妙的氧气，经由血液循环输送到你身体每一个部位、每一个细胞，使你的身体充满了新鲜的活力。

吐气的时候，想象你把身体中的二氧化碳通通吐出去，也把所有的疲劳、烦扰、紧张通通送出去，把所有你不想要的情绪、压力都送出去，离你越来越远，越来越远。

每一次深呼吸，都会让你进入更深沉、更放松、更舒服的状态。

注意你的呼吸，当你专注在呼吸的时候，觉察空气在你的体内流通，感觉氧气进入全身每一个细胞，你的身体就会自动开启补充能量的过程，你越能集中注意力在你的呼吸上，你的身体就越健康、越有活力。

从现在起，继续深呼吸，你一边深呼吸，一边聆听我的引导。很自然地，你什么都不必想,什么都不想想了。只要跟着我的引导,你很快就会进入越来越深、越来越舒服的催眠状态。

现在,扫描到你的头顶,让你的头皮放松……头盖骨也在放松……

扫描到你的眉毛,让眉毛附近的肌肉放松……耳朵附近的肌肉放松……下巴的肌肉放松……颈部的肌肉也在放松……

扫描到你的肩膀,你的肩膀平时承受了太多的紧张、压力,现在可以全部都释放掉,肌肉完全地放松……

扫描到你的左手,左手肌肉完全放松……

扫描到你的右手,右手肌肉完全放松……

扫描到你的胸腔,胸腔的骨头、肌肉越来越放松……

扫描到你的背部,背部的脊椎和肌肉也都越来越放松……

扫描到你的腹部,腹部的肌肉越来越放松……

你的呼吸越来越深沉,你越来越放松……

扫描到你的左腿,左腿肌肉完全放松……

扫描到你的右腿,右腿肌肉完全放松……

继续保持深呼吸,当你每一次呼吸的时候,你都会感觉自己更加放松、更加舒服……

3)综合运用型:以下是进行"渐进式放松与自我价值提升"的范本。

诱导语:过一会,你将会放松你身体的每一条肌肉……你将会感觉到一个平静与安详的美丽感觉……在你的身体……你的心里……你的心情……以及更深更深的内在……有一种美好的感觉,你将有能力带着这些感觉……继续往前……在生活中经历这种心灵的平静……你将体会更深的状态……并且你将会更快地进入一个深度的、放松的状态……允许这个状态的出现……

现在你可以调整你的身体进入舒适安详的姿势,让你在接下来的一段时间里,可以舒服放松地坐着。你可以让自己坐/躺/靠在椅子或垫子上,背部是舒服的。并且你的脚稳定地放在你的前方或者平放。无论哪个姿势,都让你自己感觉更好或更舒适……在这整个过程里……现在自然地呼吸,注意放松的程度,让它更深、更深……现在将你的注意力放到你的头顶……你的头皮……感觉这个区域……注意体会任何感觉……围绕着你的头顶。你也许注意到头顶的脉搏。如果还没有也没有关系,继续注意着,感觉头顶的部位。你的头顶开始平静与放松……允许它们放松……现在放松你的前额……感觉你的前额……如果前额有些紧张,让它离开……并且变得柔软与放松。

现在注意你的眼睛,让你的眼皮放松到没有任何力气。或许你不知道如何放松,没有关系,你的潜意识都知道。你的潜意识会自然地让你放松,舒适地休息在这个片刻里……放松你的眼睛,放松你眼睛周围的小肌肉,允许你身体的这个部分去更深地放松。

调整你的上、下颌骨的肌肉,也就是让你上、下排的牙齿可以分开,完全放松。感觉你的上腭、下巴也跟着松开……让你的上腭、下巴更加放松……接着是……嘴唇……牙齿……舌头……很好……让你的下巴……更松软、放松……好像可以一直往下掉……对,这是美好的感觉,让你的身体开始休息,放松得更好……继续带着放松的感觉在你的身体里移动,自己感觉颈部……颈部的周边……颈后更加放松与舒适。你的头自然地倚靠着，而且舒服，也让你的颈部自然地放松到进入一个舒服的姿势。

现在我们来到肩膀，这个地方也许储存了你的紧张……呼吸……让你的肩膀更放松地休息。每一次的呼吸都会让你更舒服、更深沉，你的心灵与情绪变得更放松，开始可以放松更多的肌肉……现在注意你的手臂，感觉你上臂与前臂的肌肉……现在放松你的手臂……松开手……

（观察受术者的手臂、手掌和手指头）

现在来到你的手，并且将你的手完全地放松，将所有的力量都放掉，让你舒适并放松地进入深度的休息里。放松你的手……会感觉温暖与放松……延伸到你的手掌与手指。

现在来到你的背部，让背部完全地放松，让背部肌肉完全地放松，你的呼吸保持深长而舒缓，让你的胸腔完全放松，更深更深地放松。

现在自然地呼吸，每次呼吸你的胸腔会更深地放松，让你进入更深的放松状态，一个美丽平静的状态……越来越深……越来越深地放松……

现在来到你的腹部，腹部肌肉完全放松，感觉你的呼吸像放松的波浪进入你的肚子，腹部的肌肉更加放松……接下来，放松你臀部的肌肉，让你进入更安详、舒适的放松状态。现在注意你的大腿、小腿，它们也在完全地放松……全然地放松你的肌肉，放松与柔软……感觉放松的波浪来到你的全身，你感到非常舒服与放松。

现在来到你的脚，感觉你的脚与脚趾头全然地放松。想象你自己如同一种能量，这能量在你身体内流动。现在，你身体是舒适的，你会让你的身体放松并且平静地休息。你会让我的声音带着你进入更深更深的放松状态。允许我的声音去滋养和变成你拥有的内在声音。在你潜意识智慧的许可下，有着对你自己更好更良善的关怀和祝福，让这些内在的声音对你有良好而健康的影响，感觉这些声音在帮助你改变自己的人生。

你对人生有更美好的愿望，这些愿望将被实现……当你去聆听的时候，也让我的声音来协助……传递……好的影响……并且带你进入更深的催眠……

你的潜意识听到了我的声音，并且将这些话语变成你的美好思维。这个放松的状态是最有力量的，你会体验到。你的体内……天然就有着神奇的工具，就是你的潜意识，你可以创造任何你想要的。

请聆听并且跟随以下建议，你随时可以在你想要的时候进入这个状态，为你自己使用这个工具。常常使用它，这是你的礼物。它在你心里。你是强而有力的。你能完成任何你想达成的愿望。现在沉默 1 分钟，去体验你自己的内在，全然地体验你自己（等待 1 ~2 分钟）。

渐进式放松诱导注意事项：①在诱导过程中，音量不太小也不太大，自然、适中即可。始终用平和、稳定、低沉的音调，从容、舒缓地发音。音量太低容易引起受术者的警觉，反而不能放松。语调不要过于神秘，否则有故弄玄虚之感。②在整个诱导过程中，催眠师自己也要处于平和、放松且宁静的状态，在催眠别人的时候，同时也是在修炼自己。③在渐进式放松过程中，根据催眠咨询目标的不同，催眠师可以把渐进式放松的方法灵活结合其他内容来做诱导，例如上述渐进式放松与自我价值提升相结合的诱导。但一定要注意，催眠师可以结合一些内在感觉等进行诱导，但绝不能给受术者随意植入自己认为“对的”“好的”信念，即使要植入信念，也只能是受术者自己提出，自己已经认可、感悟到的信念，催眠师通过这个过程助其深化而已。

4）目光凝视法：受术者坐着、站着或躺着都可以，调整好自在放松的姿势（并非过分瘫软）即可开始如下诱导。

诱导语：在你面前上方找一个固定点，睁开眼睛，集中注意力看着这个点，尽量保持眼睛不眨动。你的眼皮会觉得越来越沉、越来越沉，你的眼皮会开始眨动，眨动的次数会越来越多。眨动次数越来越多，你的眼皮会越来越沉，但你还是会努力睁开眼睛，尽量保持不眨动（反复重复几遍）……随着你的眼皮眨动次数越来越多，你的身体会越来越放松，慢慢地，你可以允许眼皮放松地闭上，头逐渐低垂，更加放松，更加放松。

注意事项：①在前面反复引导凝视的过程中，语速要越来越快，营造紧张感；持续凝视的时间一定要足够，具体时间因人而异。催眠师要边引导边观察受术者眼睛的眨动频率、次数，以判断其疲劳程度，要让其在足够疲劳的时候再放松闭眼，这样才能充分进入催眠状态。②到最后受术者闭眼并低头时，催眠师的语速放缓，可在“更加地放松”时，伴随触额头、打响指，深化、锚定放松的感觉。③凝视的点，可以是墙壁上的一点、一颗钉子、一个灯泡或催眠现场周围的一景一物，最好是有一定特征性的或有亮光的点，也可以是催眠师手中的水晶球等。如果室内有摇曳的烛光，也是非常好的凝视对象。现代科学研究证明，烛光闪烁的频率与人大脑放松状态下的 α 波非常接近，所以传统禅修中也经常采用凝视烛光的方式进行禅定、修炼。为了减少在选取凝视点时的烦乱思维，加快进程，催眠师可以提前和对方一起先确定这个点。

这个方法也可以变换出无数种不同的诱导方式，可以结合其他诱导技巧灵活运用。下面举个例子。

诱导语：在你面前上方找一个固定点，过一会儿，我会让你先闭上眼睛，然后我会从 20 数到 0。我每数一个数字，你都会允许自己睁开眼睛，看一下前面那个点，然后快速闭上眼睛，同时允许自己的身体更加放松……

好，现在开始，我每数一个数字，你就睁开眼睛看看前面那个点，然后重新快速地闭上眼。每一次当你闭上眼睛，就会发现闭上眼睛的状态真是太舒服了，越来越难以睁开眼睛，完全地放松。20，越来越放松……19，越来越放松……12，越来越睁不开眼睛……每一次当你闭上眼睛，就会发现自己更加难以睁开眼睛……8，眼皮睁不开了；7，越来越睁不开眼睛……3，越来越睁不开眼睛；2，你可以不用强求自己睁开眼睛了；1，你睁不开眼睛了；0，完全地放松，更深地睡着。

这个操作方式对于思维复杂的高情绪型受术者有更强的效果。结合数数，并让其做出更复杂的行为反应，能更有效地加载信息，削弱其批判区功能。

5）手臂抬起诱导

诱导语：现在请看一眼你的手臂，从手肘到指尖，请记住它们的样子。如果你觉得你已经可以在闭上眼后想象出它们的样子，就请闭上眼睛。

（受术者闭眼）已经可以想象出它们的样子了，是吗？

好的。现在，当你进入催眠状态之前，你会注意到身体内正在发生 3 个生理变化。当你开始感觉到这些变化时，请点头告诉我，好吗？现在将你的注意力放在眼皮上，你的眼皮开始眨动，眼球开始在眼皮下转动，当你注意到它们时请点头告诉我。

现在再将注意力放到你的嘴唇、口腔和咽喉，感到你的嘴唇、口腔和咽喉开始发干，还可能有想吞咽的感觉。当你注意到这种感觉时，请点头告诉我。这很自然，很正常。

然后将注意力放在你的呼吸上，你的呼吸变得越来越深，吸进更多的氧气。如果你也开始注意它们，请点头告诉我。

好的，接下来请将注意力集中在你的右手肘。当你的肘部向下压的时候，上臂肌肉开始紧绷，有一股拉力。从肘部到指尖，你的手臂和手开始向上抬，抬起，抬高，越来越高……向上抬，抬起，抬高，越来越高……离开桌面，抬起，抬高，越来越高，像羽毛一样轻……抬起，抬高，越来越高……随着你的每一次吸气，你的手臂就会抬起，抬高，越来越高……继续抬起，抬高，越来越高……随着你的每一次呼气，你的身体将更沉重地坐在椅子上……手臂抬起，抬高，越来越高……抬起，抬高，越来越高……

（受术者手臂抬起一半距离）

现在将注意力放在你的手腕上，你开始注意到手腕开始向里扭转，转向你的头部，就像有股磁力将你的手拉向你的脸……你的头也在向下垂，垂向你的手。随着你的每一次吸气，手臂抬起，抬高，越来越高……随着你的每一次呼气，头越来越沉，靠近你的手，越来越近，继续拉近，越来越近……

（受术者的脸即将靠上手）

现在你的手在继续靠近你的脸，请允许你的手继续靠近，越来越近……当你的手接触到你的脸，你就将进入深深的催眠状态。

（受术者的脸靠上手）

好的，我注意到你的手指已经触碰到你的脸了。（催眠后暗示）

待会儿我将轻触你的额头，对你说"睡着"。睡着并不意味着像晚上那样睡着，只是身体进入更深的放松状态，心情也将完全地放松。

（施术者轻触受术者额头，说"睡着"，并打响指）

从现在起，每当我对你说"睡着"（打响指）这两个字，经你允许为你做催眠，你都会迅速且平静地进入现在甚至更深的催眠状态，身体将完全放松。

现在，我将拿起你的右手，并将它放下。当我拿起你的右手时，它将完全放松，它会像面条一样柔软。（施术者拿起受术者右手）你的右手像面条一样柔软，当我放下它时，你的身体将进入更深的放松状态。

6）钥匙诱导

诱导语：我希望你在椅子上以最舒适的姿态坐好，完全地放松，尝试着把你所有的事情都抛到脑后，只听我所说的话和我需要你关注的事情。我希望你专注于你身体的那种放松的感觉。尽力去放松，体验那些我刚刚让你去关注的事情。我希望你看着这些钥匙，我希望你近距离看着它们。我将从 10 数到 0，当我数数的时候，你继续盯着那些钥匙，你的眼睛感觉越来越疲倦。现在专心地看，并集中于我让你关注的那些事情。10、9，你感觉现在越来越放松。你继续看着那些钥匙。8、7，你越来越放松，集中于那些我要你关注的事情，感觉现在更加放松。6，越来越放松，感觉你沉浸在那种放松的感觉中。你的双眼变得非常疲倦，马上就要闭上了。5、4、3，随着你放松的感觉不断增加，你的双眼变得很重很重。当你的双眼准备好闭上的时候,你就让它们闭上吧……现在双眼已经闭上了,你越来越放松,进入更深的舒适、愉快和放松的境界。当我数到0,你将完全进入催眠状态。2、1、0,现在体会到完全放松的感觉,你将进入更深的催眠状态。

注意:这种诱导,事先要准备好钥匙,同时这个钥匙诱导常常接在放松之后进行。

7)地毯诱导

诱导语:请看着我的手指,你看着它们并且很专注,持续看着它们,看着它们。在你看着它们的时候,你的眼睛渐渐地觉得累,眼睛将会很累并且闭住,就像它们很累一样,让放松的感觉遍布你的全身。当我开始数数的时候,你的眼睛变得疲惫,它们将要闭住。看着我的手指,当你感到累的时候请闭上你的眼睛。10、9,越来越疲惫。8,越来越疲惫。所有的疲意和放松遍布你的全身,让你进入非常放松的状态。7、6,现在很好,很舒服。想象你在一个地毯上面,向前或向后移动着,这是一个愉快的体验,也是一个享受的体验。你躺在地毯上面,向前或向后移动着。随着我的数数,你将会进入很深的放松状态。继续向前或向后移动着,愉快地、舒适地向前或向后移动着,越来越放松。放松将会蔓延到你的手、你的腿、你的身体,它们越来越放松,越来越放松。5,向前或向后移动着,越来越放松。4、3,马上你就会被催眠,在我数到1的时候,你会进入沉沉的催眠状态。2、1,现在你已经进入深深的催眠状态。

8)魏斯的放松与回溯诱导技术:以下的文字,取材自美国催眠大师布莱恩·魏斯制作的放松与回溯的录音带。他将录音带提供给患者,或是参与工作坊的人士,让他们在家继续练习。人们对于魏斯的放松回溯诱导技术存着比较大的争议,有人认为该技术荒唐可笑,但有人确实发现该技术可以让受术者回到前世。下面介绍一下该技术,大家也可以尝试一下这种技术,验证其是否有效。

诱导语:请闭上眼睛。

现在,注意你的呼吸。深呼吸,有规律地呼吸。慢慢把气吸进来,再慢慢把气吐出去。

做5次深呼吸,放松地深呼吸。从鼻子慢慢吸进来,再从嘴巴慢慢吐出去……放松。(长长的停顿,可以做5次深呼吸)

现在,每次呼气的时候,把身体内的紧张、疼痛、痛苦全部送出去。每次吸气的时候,顺便把平静的力量吸进去。

你越来越放松。

现在,想象你全身的肌肉全部放松,感觉你全身的肌肉全部放松。

放松前额的肌肉,放松脸部的肌肉……放松下巴的肌肉……放松你的颈部,放松肩膀,缓解颈部与肩膀的紧张、压力……放松你的手臂……放松腿部……放松背部肌肉……让你腹部的肌肉彻底放松,然后你的呼吸会更加顺畅、更加深沉。

每次呼吸的时候,你会越来越放松,越来越放松。

想象头上方有一道亮光,感觉头上方有一道亮光。亮光进入你的头部。运用你的心灵,选择最喜欢的颜色,把颜色加进光里。

(停顿)

光接触到的每一样东西都变得很美丽。然后,光在你的身体里慢慢扩散,每一个组织,每一个器官,每一块肌肉,身体里面的每一个细胞都完完全全放松。所有痛苦、疼痛、疾病完全消失。

光越来越亮,你也越来越放松。你深刻感受到平静、宁静。

现在,你看到整个光洒落下来,用心去感觉,或是想象整个光洒落下来,光从你的头部笼罩下来……笼罩着你的前额……笼罩着你的眼睛……你更加放松。

你看到整个光笼罩着你的下巴……光从上而下笼罩着你……你进入深沉的放松状态。

光慢慢往下移动,笼罩着你的颈部。颈部的肌肉、咽喉附近的肌肉完全放松。你越来越放松。

(停顿)

想象这道光,感觉这道光,放松,放松你的每一块肌肉、每一条神经,放松你身上的每一个细胞。然后光笼罩你的肩膀……光往下移动,笼罩你的手臂,笼罩你的手,笼罩你的每一根手指。

(停顿)

想象整个光笼罩你的胸部、背部上方……然后进入心脏。光随着血液,流向身体的每一个部位……光进入你的肺,散发着美丽的光辉……你背部上方的肌肉完全放松。

现在,整个光笼罩你的脊髓,从脑部流向脊髓末梢,光流向整个神经系统,流向身体里的每一块肌肉、每一个细胞。

你越来越平静,越来越放松。你觉得特别宁静,很美妙,很宁静。

(停顿)

想象整个光笼罩你的腹部……笼罩背部下方,肌肉与神经完全放松。

现在,你看到光流向你的臀部……流向你的腿部……流向双腿……流向脚趾头……现在,你的整个身体完全笼罩在光里……你沐浴在美妙、明亮的光里。你觉得非常、非常平静。

现在,想象你整个身体完全被光笼罩、包围,你身在光环里。整片光会保护你,整片光会让你的皮肤完全放松……你觉得更平静、更放松了。

现在,我要从5数到1。每数一个数,你会觉得更加宁静、更加放松。数到1的时候,你将处于非常深沉的放松状态,你的心灵自由自在,没有空间与时间的限制。你能回想起任何事情。5、4,你觉得更平静、更放松了……3,你越来越深沉,越来越深沉……2,你就快达到了……1,你已经处于深沉的放松状态。现在或等一下如果你觉得有任何不舒服,请放心,一切都会控制得很好。

现在,如果你不想进行前世回溯,那么可以结束放松练习。你只要睁开眼睛就可以了,你将立刻恢复到正常状态,心理功能与生理功能完全恢复正常,你会觉得很舒服、很轻松,焕然一新。

如果你决定进一步回溯前世,请继续闭着眼睛,想象自己正从一个美丽的楼梯走下去。

(停顿)

在楼梯的最底端,你看到一道打开的门,门外有光。你觉得非常放松、非常平静。你向门走去。你的心灵非常自由,没有空间与时间的限制。你会想起自己发生过的一切事情。当你穿过门,走进光里,你就进入另一个时空。让你的潜意识自行决定,让它选择进入今生或是进入另一个时空。你可能回溯到过去,那个时代是你目前病症的根源,是你目前感情冲突的根源。

(长长的停顿)

你从光里穿出来。首先,请看看你的脚,你有没有穿鞋?穿着什么鞋?接着再看看自己的身体……看看你穿的衣服……看看你的手……看看你是什么样子……看看现在是白天还是晚上……看看自己在室内还是在室外……努力找找看,你知不知道当时的年代?

(停顿)

现在,请看看四周,观察附近的地形、建筑、植物,附近有没有人?如果附近有人,你可以和他们交谈,也许他们会回答你的问题。

找出你今生内心困扰的答案,找出你病症的根源。

(长长的停顿)

多花一点儿时间探索这个前世。

如果你觉得有必要,你可以往前推进,或往后回溯。

如果你觉得焦虑,你可以飘浮在身体上面,只是观察就好,不必主动感觉或参与任何事情。

如果你认为这样不参与任何事对你更好,你可以睁开眼睛,结束整个练习。

探索任何重大的事件,了解一切,用你的超越观点去探索为什么发生这种事,有没有什么意义。

你现在了解了病症的整个来龙去脉。

(长长地停顿)

看看你看到的一世的某些人,是不是和今生有关?

(长长地停顿)

如果你愿意,走到这一世的尽头,经历死亡。

(长长地停顿)

飘浮在身体上面,回顾这一世。你学习到什么教训?

(长长地停顿)

现在,是回来的时候了。

等一下,我会从1数到5。数到5的时候,你睁开眼睛,然后你会完全清醒,感觉非常舒服、非常清醒,整个人焕然一新。你的心理功能、生理功能完全恢复正常。你会记得所有的事情。每一次做这个练习的时候,你都会越来越放松、越来越深沉。1,身体的每一块肌肉、每一条神经都完全放松。2,慢慢醒来,觉得非常舒服。3,越来越清醒。4,就要清醒了,感觉非常舒服。5,睁开眼睛,完全清醒,全身非常舒服。

9)标准催眠诱导语:下面是译自美国心理学会组织当代国际上最著名的催眠专家共同编写的《临床催眠手册》(*Handbook of Clinical Hypnosis*)中的标准催眠诱导语。

请让你自己感到放松。闭上眼睛,放松。做几次深呼吸,注意呼气的时候,你可以感到自己更加放松。我和你说话的时候,你可以继续放松……每一次呼吸,你都可以感觉到自己越来越放松。你很快就会体验到催眠状态。你可能会对什么是催眠状态感到疑惑,我向你保证,不论进入多么深的催眠状态,你仍然能够完全控制自己。即使进入很深的催眠状态,你仍然能够控制自己。我将会给你一些暗示指令,你自己决定是否遵从这些指令。如果你不喜欢我的指令,你可以忽视不做。如果你想按我的指令去做,你会发现做起来要比你想得容易。因此是由你自己来选择做还是不做。让自己放松,现在你可以安全进入催眠状态了。

我说话的时候,你会感到自己越来越放松。但是不论多么放松,你仍会听到我的声音,你将会对我的暗示指令做出反应。如果你觉得很不舒服,你可以调整一下自己的身体,让自己重新感到舒适,而且这样做不会影响你进入催眠状态。如果你要和我说话,你可以轻易做到,而且不会影响你的催眠体验。

现在,你可能想进一步放松。你放松的时候,可能会觉得你的手指有一点点紧张……或者是你的脚趾……如果你这样做,就会感到十分舒适,因为你会体验到这是一种放松的感觉,有些人在开始进入催眠状态时就有这种体验。让你的身体放松,你开始感到镇定……让平静的感觉扩散……抛开你所有的忧虑和烦恼,让它们渐渐远去,就像风中的云……消散……消散……放松……感到越来越平静……越来越平静……越来越舒适、安全……没有烦恼……没有干扰……当你进入催眠状态时,感到越来越放松……进入深深的催眠状态,你能体验你想体验的一切感觉,深深地感受你想要体验的感觉……但这仅仅是你想要的……你自己的体验。

把注意力集中到你的脚趾……你的右脚趾……越来越放松的左脚趾。放松你的右脚趾……完会放松……放松你的左脚趾……放松你的脚趾……越来越放松……越来越放松。让这种放松的感觉从脚趾延伸到你的双脚,放松你的脚……越来越放松……你可以感到非常平静、安逸。

现在,注意你的脚踝和小腿。我不知道你是否能够继续……放松……你可能会感到你的脚踝和小腿有一种温暖和舒适的感觉。放松你的腿……越来越放松……完全放松。

放松的感觉扩展到你的大腿,你的大腿越来越放松……继续放松,骨盆放松……越来越放松……放松腹部,完全放松。放松……放松,注意体验这种放松的感觉。你能感到腹部完全放松吗?你现在能感觉到吗?还是过一会儿才能感觉到?让放松的感觉上升到你的胸部……让胸部所有的神经和肌肉完全地放松……放松……放松……平静放松的感觉慢慢扩展……感觉十分安定……你的身体和精神都非常放松安逸。现在放松你的后背、双肩……越来越放松……放松……完全放松。

放松的感觉扩展到你的胳膊、双手和手指。注意你的胳膊和双手的感觉。你的手指是感到更沉重还是更轻松?注意你的右上臂……右小臂……你的右手……和手指……它们完全放松……越来越放松。现在注意你的左臂完全放松……放松……完全放松。我不知道你是否还能进一步放松。越来越放松……就像你希望的那样……像你希望的那样放松、那样舒适。

放松你颈部的肌肉是不是会感觉更好呢?让我们来放松……放松……完全放松。放松你下巴的肌肉……放松,下巴所有的神经和肌肉完全放松。放松面部其他所有的肌肉……你的嘴……鼻子……眼睛……眉毛……眼皮……额头……所有的肌肉完全放松……放松……完全放松……平静……平静而放松……完全平静。

也许你愿意想象来到一个美丽的地方放松……我希望你能想象躺在静静的沙滩上，阳光温暖而灿烂，蓝蓝的天空飘浮着几朵白云……你可以想象感到一阵和风……带着海边空气的咸味……你也可以想象来到任何一个你喜欢的地方，可能是你曾经去过的一个地方……或者是你想去的一个地方……或者仅仅是你想象中的一个地方……哪里都无所谓，重要的是你感到舒适……平静。不论是在什么地方，那里都是如此美丽、平静……在那里你就是你自己……在那里你可以感觉到完全的放松和满足。你可以想象自己真的在那里……看，用你自己心灵的眼睛去看，看那些你可能看到的东西（就像你真的在那里）……感受你可能感受到的一切……倾听你可能听到的声音……闻到你可能会闻到的气味。

当你沉浸在那个完美世界里的时候，我将从10数到1，每数一下，你都会进入越来越深的催眠状态……越来越能体验到你想要体验的感觉。10，进入催眠状态……越来越深。9，越来越接近中心并保持平静。8、7，越来越深。6，已经进入一半了。5、4，比以前更深，深到你能体验你想体验的一切。3、2、1，现在已经进入很深的催眠状态了……很深……完全只体验到你自己的存在……完全进入催眠状态。

现在我想让你进入更深的催眠状态……比以前更深。你每呼吸一次，就会进入更深的催眠状态……深到你能做你在今天的催眠里需要做的一切……越来越深……深到你能体验你想体验的一切。

下面我将从0数到5，每数一个数字，你将会感到越来越清醒和有活力，数到5的时候，你能睁开眼睛，完全清醒，感觉比我们开始前更好。0、1、2、3、4、5，睁开眼睛，完全清醒。

（三）催眠诱导阶段注意事项

第一，语气语调要温和、肯定、有力。在催眠过程中，催眠师注意不要过分轻声细语，而是使用温和、肯定、有力的语气语调。催眠师如果要让来访者的潜意识感受到安全、放松，就要让他可以很轻松地听清楚每一个诱导语，而且在诱导中感受到催眠师的稳定力量和专业度。而过分轻声细语反而容易提高来访者潜意识的警觉性，使其不够放松和自在。

第二，在上述催眠诱导中不要用“请”字。催眠师已经向来访者强调过他有自主性，不需要迎合或抵抗催眠师。所以，在催眠过程中，催眠师便不需要事事小心谨慎地经来访者同意，不要使用“请”字，而是表现出一定的导向性，这更体现出催眠师的专业性和权威感，也有利于来访者在催眠关系中获得安全感，感受到催眠师的可靠。

这种权威感并不是建立在对来访者的野蛮操控上的，而是在充分尊重其人格的基础上，通过催眠中的非言语信息，明确导向性，让来访者更倾向于自然跟随催眠师的指引和节奏。催眠师也可以在这样的互动关系中观察来访者的人际模式。例如，开始催眠时，假如来访者戴着眼镜、手镯等，催眠师可以直接伸手并提出“把眼镜/手镯给我，我帮你放在旁边（安全的地方）”。假如来访者正在嚼口香糖，催眠师也可以直接提出“先把口香糖吐到这里（结合手指指引）”。

另外一个特殊情况是，自从新型冠状病毒感染疫情暴发后，很多人习惯于戴口罩，特别是本身安全感不足、需要自我保护，或自我认同较低的来访者，会比较倾向于戴着口罩来见催眠师，甚至在整个催眠过程都想戴着口罩。在这种情况下，催眠师可以提出专业指引：摘掉口罩可以呼吸更顺畅。如果来访者仍坚持戴口罩，催眠师应予以充分尊重，不强迫。通常经过几次催眠，建立信任关系后，来访者便会自愿摘掉口罩去感受这个放松的过程。这便同时体现了催眠师的专业性和对来访者的平等、尊重。

第三，提前预告，善用“过一会儿”。在诱导过程中，催眠师要充分给予来访者尊重和安全感，只有来访者感觉到催眠的安全性和自主性，才更容易放松并进入催眠状态。所以，催眠师每进行下一步操作之前，都要进行适当的预告。在诱导开始后，一般使用“过一会儿”，就是让来访者心中有数，感到安全、踏实。

综上所述，催眠诱导是为了让来访者进入催眠状态，进入的深度体现了诱导的程度。一个人在特定时间催眠的深度取决于他对催眠的感受性和动机强弱，也取决于催眠的时间和使用的诱导技术，还取决于催眠师的经验、技能水平及同来访者的融洽程度。

三、深化阶段

催眠深化就是让催眠的状态更深沉的过程，深化的目标就是创造出更有助于接受暗示的心理状态，把来访者带到意识更加放松、潜意识更加敞开的深层状态，并维持在那个状态当中。催眠诱导阶段的技术在深化阶段仍然是可以用的。

手臂悬浮下降、下楼梯、打开门等布景深化技术，回到某个特定时光、丢手臂系列技巧，睁闭眼反应性技巧，时间线、情感桥等技术都可以起到深化催眠的作用。

（一）常用的深化催眠的技术

1. 手臂悬浮下降法　这是很常用、简单有效的技术，催眠师比较容易观察、判断受术者的状态，受术者也可以根据自己的状态、节奏来调整。受术者站着、坐着都可以，经过初步催眠诱导，身体已经进入一定的放松状态。

引导词：过一会儿，我会拿起你的手臂，当我拿起你的手臂时，它会暂时保持在那个位置。当我放开你的手臂时，它会缓慢地下降，随着它缓慢地下降，你的身体会越来越放松，内心越来越平静。你可以按照自己的感觉，来让你的手臂按照自己的节奏慢慢下降。

好，现在我会拿起你的手臂。（边说边做，抬起受术者右手臂，略高于肩部，同时引导）好，保持在这里（轻托示意固定，如果手臂还没固定，可以反复说 2 ~ 3 次前面的引导词，强调固定）。

（当感觉到受术者的手臂固定好后，放开其手臂）好，现在允许你的手臂按照你的感觉，缓慢地下降，下降……（随着其手臂缓慢地下降，继续引导）越来越放松，走得更深、更深……对，就是这样。随着你的手臂慢慢地下降，你会进入更深的催眠状态，完全放松。

（反复加载，直到受术者手臂落到大腿上或完全下垂放下，当其手臂落到大腿上或垂放下来的一刹那，进行深化锚定：轻触眉心，打响指，同时简短有力地说）睡着！

注意事项：在受术者放下手臂的过程中，催眠师即施术者要观察其表情、肌肉是否放松；完全放下后，观察其是否进入了更深的催眠状态。如果不确定，可以问受术者：“你现在的身体有没有更放松？你的心里是否更加平静？如果是的话，轻轻点头告诉我。”（寻求确认）如果受术者的回应是确定的，施术者可以继续进行后面的治疗。否则，可以再做一次手臂下降，或者换其他深化技巧。

2. 下楼梯/搭电梯法　这是一个很传统且好用的方法，通常用来探索内心深处，挖掘潜意识素材，提取记忆等。

引导词：过一会儿，我会让你想象，你在正站在一个20级的楼梯上，准备往下走。这是一个安全牢固、两边有扶手的楼梯，你就站在楼梯的最上面。

现在，如果你看到了你正站在这个楼梯上的画面，就轻轻点头告诉我。（等待反馈确认，再继续引导）

过一会儿，我会从20数到0，我每数一个数字，你就会往下走一级楼梯，当我数到0的时候，你会走到楼梯的最下面，你会进入更深的催眠状态，身体会更轻松、更舒服，内心更加平静、安详。（稍作停顿，让受术者内心做好准备）

好，现在，想象你开始往下走了。20、19，身心越来越放松……18、17、16，呼吸越来越平静。15，每当你吸气时，都会感觉吸入了更多的氧气。14、13，每当你呼气时，都感觉身体更加放松、下沉……12、11、10，越来越放松。9，全身进入一种放松、舒适的状态……8、7、6，越来越放松。5，越来越下沉。4、3、2，越来越放松……1，越来越下沉……0，完全放松，更深地睡着！

现在，你已经进入了深度放松的舒适状态，好好地体会这种状态，感受这种自在放松的感觉……

注意事项：①在开始使用该方法之前，要先确认受术者有没有对地下、深处等有固有恐惧，如果有，则最好不要使用本方法。②先预先说明后面的操作再正式开始，让受术者想象场景，每一步都让其有重组的心理准备。③可以根据催眠的具体需要及受术者的实际情况来灵活调整楼梯的级数、深度，20级是常用的适中级数，不会太短，也不会太长。④数数的速度不能太快，要让受术者有感受的时间和空间；但也不能太慢，否则会让受术者有机会分心、走神。当需要加深的时候，用倒数比用顺数效果更佳。

本技术也可以调整为“搭电梯法”，原理与下楼梯一样，把受术者带到更深更深的放松状态，搭电梯可以让人更感觉到下坠、深入的感觉。对地下室恐惧的人，也可以用此方法，感受自己从高楼下到平地的感觉。引导词可调整为“现在感觉你置身于一台电梯里……过一会我会从20数到0，我每数一个数字，电梯都会下降一段距离，到相应的楼层，你会越来越放松；当我数到0的时候，你会完全放松，进入更深更深的催眠状态”。

本技术可以结合一些治疗目标来灵活组合。例如，如果做回溯治疗，处理某个过去的伤痛体验，可以说“当我数到0的时候，你会走到楼梯的最下面，回到一个你曾经经历过的、对你有重大影响的事件中……”。

（二）催眠状态

人的心理状态大体上可分为以下3种。

（1）意识状态：亦称觉醒状态，以理性和现实定向的意识活动为主，尚未进入催眠状态。

（2）混合状态：在轻度和中度催眠状态下，受术者会体验到意识和无意识的交互作用,即处于意识和无意识的混合状态。此时,受术者虽然能意识到外部刺激的存在,但不会积极主动地注意它们;内部对话可能会有,但是指令性和主宰性变少变弱了。

(3)解离状态:在深度催眠状态下的受术者,完全沉浸在无意识过程中,会体验到各种我们提到的催眠现象。

实际上,催眠深度是个连续体,只有程度的不同,而不是全或无的现象。即使觉醒中的人,有时也会进入不同程度的催眠状态。有人用轮船、汽车、火车和飞机之间的区别来打比方,认为催眠深度更像是这几种交通工具每小时行驶的里程,而不是这几种运输模式本身。这就是说,催眠深度不是几种截然不同的状态。

(三)催眠深度检测

催眠深度即进入催眠状态的程度,指的是受术者意识和无意识起作用的相对程度。人对催眠暗示的感受性,随进入催眠状态的深浅不同而改变。辨别不清催眠程度的深浅,盲目进行暗示,难以达到目的。为了选择恰当时机给予暗示指令,提高催眠干预效果,施术者必须判断受术者是否进入催眠状态及催眠的深度。

(1)眼皮胶粘:暗示眼皮沉重,好像被胶水粘住,再尝试睁开。若不知不觉便睁开,说明基本处于清醒状态;若经过努力才可以睁开或无法睁开,说明进入轻度催眠状态。

(2)手臂僵沉:暗示手臂沉重,肌肉僵直,再尝试高举或屈伸。若伸举自由,说明处于清醒状态;若经努力才可以高举或屈伸,甚至无法高举和屈伸,表明进入轻度催眠状态。

(3)年龄遗忘:暗示忘记自己的年龄或姓名,受术者需要努力回忆甚至完全回忆不起来,说明已进入中度或深度催眠状态。

(4)痛觉丧失:对疼痛不敏感甚至完全丧失,表明受术者已进入中度或深度催眠状态。

(5)正性幻觉:受术者无论在表情上还是口头报告中都明显表现出幻视、幻听、幻味、幻触,说明已进入中度或深度催眠状态。

(6)负性幻觉:对客观存在的事物视而不见或听而不闻,表明进入中度或深度状态。

这种催眠深度检测不仅可以了解受术者入眠的深度,同时,运用这些测试做练习也可以让受术者进入更深的催眠状态。

有经验的催眠师还可以根据受术者的面部表情及语言、运动抑制的程度来判断催眠的深度。一般说来,受术者进入深度催眠状态后,面色较浅淡,全身特别是额部肌肉明显放松,眼球快速转动,嘴巴微微张开,呼吸节律减缓,语速变慢,音量变小,脉搏整齐而缓慢。

受术者动作增多通常是催眠深度转浅的信号。例如,在椅子里变换坐姿的受术者,其催眠状态往往变轻了,这可能是正常的飘浮现象,也可能是受术者遇到了某种困难。此时,施术者必须重新转入诱导性交流,通常可以采用先跟后带的方法。

(四)深化阶段操作注意事项

第一,建立信任、契合的关系非常重要。要引导受术者进入更深的催眠状态,一个前提是受术者与施术者之间有足够信任的关系,受术者对催眠有积极的预期。开始催眠前扫除受术者对催眠的恐惧心态,不要让其感觉是被支配或控制。施术者在沟通和诱导过程中保持专业性,避免谈及个人或其他客户的事情,而更多的只是作为一个安全、接纳的倾听者,才能让受术者更顺利地进入深度催眠状态。

第二,不要运用代表恐惧的暗示或意象来深化。例如,暗示受术者有失控或坠落的感觉,或者让其想象穿过一条漆黑的隧道或掉到井里、洞里等。在下楼梯法中,引导词中也强调了这是一个“安全牢固、两边有扶手的楼梯”,要让受术者充分感到安全和舒适,才能更深地放松。如果受术者还是有恐惧感,还可以换成户外大自然中的倾斜草坡等。

如果在深化引导中看到受术者露出任何害怕的表情或反应,或皱眉等,要强调他随时可以停下来。

第三,增加催眠状态的持续时间可有助于深化催眠。处于催眠状态中的时间越长,受术者越有可能到达更深的催眠深度。施术者可以逐步增加催眠持续时间,让受术者在每次咨询中保持催眠状态的时间逐步延长,例如每次增加 2 ~5 分钟,受术者就会感受到催眠能走得越来越深。

四、干预阶段

此阶段也称为解决、处理、治疗阶段。不同流派的催眠师,在此阶段的做法及疗愈效果各有侧重。如认知行为取向的催眠师,会在催眠一定深度中施加教育、认知修正、行为增强或抑制。有的催眠师会通过让来访者在这个阶段进行情感的宣泄、释放、宽恕等,让其重新获得爱的感受,强化自我效能感、价值感。还有的催眠师会在这个阶段让来访者体验一些超越个人的体验和智慧,促进其自我突破。

这个阶段如何对来访者产生影响,受催眠师的疗愈理念影响很大,但传统催眠界普遍的认识是,催眠最主要是靠暗示来起效。著名的精神科学家和临床催眠倡导者 Hippolyte Bernheim 说:“只有暗示,没有催眠。”

(一)暗示的定义

暗示是催眠诱导和现象的必要条件,什么是暗示呢?

“暗示”这个词汇经常被使用,但是有不同的解释。有人认为,暗示是因别人的言语态度或行为而造成无批判的接受与了解的心理过程。有人认为暗示是一种在无命令或无直接要求下让个案产生一种行动。一个普遍的定义是:暗示是一种无批判性的接纳刺激物。

(1)广义的暗示:所有的事情都是暗示,任何方式给建议、生活中的交流都有暗示的成分。例如,我们和好友一起逛街,在服装店试穿一件新衣服时,店员看着我们试穿的新衣服露出赞叹的表情,即使店员不用刻意说很多话,已经是店员对顾客实施的一种暗示。

(2)狭义的暗示:并非所有的暗示都是催眠,只有在催眠工作室里发生的,在高度暗示感受性的情况下给出的暗示,才叫作催眠的暗示。

所以,从广义角度来说,暗示不可避免,但生活中的暗示未必有效。而催眠后的暗示则会大大地被放大,很容易进入潜意识,从而起到改变人深层认知、行为的效果。在临床催眠中,针对来访者症状而进行暗示,便是解决、处理、治疗阶段的核心工作。

(二)暗示指令的原则

上文已提到,传统催眠学界的普遍认识是,催眠术即暗示术,催眠治疗或催眠干预之所以能起作用,主要靠心理暗示。当催眠状态进入适合治疗的深度后,催眠师可结合分析疗法、行为疗法、认知疗法等治疗技术发出暗示指令。后文会讲到,催眠的功能不只是心理治疗,为达到其他干预目的,也可以给予不同主题的暗示指令。

暗示指令是催眠治疗或干预成功的关键,一定要字斟句酌、精心设计,不能漫不经心、随口而出。指令得当,就能催无不应,术到功成。

设计暗示指令必须遵循以下原则。

第一,指令是正面的、积极向上的。

第二,指令词语简单浅显、易懂易行。

第三,指令目标明确,不含糊其词。

第四,指令可验证,能观察到执行结果。

第五,指令符合经验法则,能使人信服。

第六,指令不超出受术者的能力范围。

第七,指令逻辑一致,不可自相矛盾。

第八,指令要给潜意识留出反应时间。

第九,指令最好是动态的,不是静态的。

第十,指令最好为一个,最多两个。

催眠指令必须具有积极的指导意义,要尊重受术者的人格,不能用有刺激性的或贬义的词语,以免受术者出现心理压力、反感和抵触情绪。例如,“你像狗一样汪汪叫(或在地上爬、啃骨头)”的指令,即使在舞台催眠秀上,也不宜采用。

一般说来,肯定的指令比否定的指令更有影响力,因此要尽量避免使用“不”“不用”“不会”“不能”“不可”等否定词。“明天我不会头痛”是否定暗示,“明天我的头脑很清醒”则是肯定暗示。“我不会再欠债”是负面词语,“会收支平衡”则是正面词语。

指令要尽可能具体化,不要太空泛,如“努力争取成功”不具有可做性,应具体说明在哪方面取得成功,达到什么程度,以及如何努力。

暗示指令必须针对受术者本人,并为其能力所及。例如,“我相信别人喜欢我”,针对的是他人;而“我是一个令人喜欢的人”,则是一种自我信念;“我要她喜欢我”,不在受术者能力控制范围内;“我要增加对她的吸引力”,则是通过自身努力可以做到;靠双臂飞上天不可能,乘坐飞机则符合经验法则。

暗示指令要坚定果断,不能含糊其词。例如,“今晚我大概能睡着”或“我要尽量使自己睡着”,效果都不好,往往越努力越睡不着。若改成“今晚我一定能睡着”,则能很快入睡。

指令必须用将来时,而不是眼下这一刻。说“现在头痛消失了”不符合事实,因为头痛不可能在刹那间消失;说“我的头脑就要开始清醒了,过一会儿疼痛会完全消失,我就会感觉很好”,这就留出了时间,让潜意识接受并实施暗示。

指令最好是动态的。静态的指令可能不真实,如“我学习很好”未必可信;“我的学习变得越来越好”则是动态的,易于为潜意识接受,并化为实际行为。

指令最好有时间限制。例如,“我要在1周内看完这本书”比“我想尽快看完这本书”更好,更可行。

要根据受术者进入催眠状态的深浅程度采用难易不同的暗示指令，浅度催眠状态用较易完成的暗示指令，在深度催眠状态下方可使用较难实现的暗示指令。

要让暗示指令起作用，重复是必要的。重要的话语讲 3 遍，才能深刻影响潜意识。但不能唠叨没完，每个暗示指令可重复 3 ~4 遍，每隔 3 ~4 分钟重复一次，但不要机械重复，每次语句要略有变化，这样既能加深受术者的记忆和理解，又不会使受术者感到厌烦。

（三）Kroger 和 Fezler 描述的 4 种暗示型态

第一种为口语型，包含言语和任何一种经由声明沟通的方式。

第二种为非口语型，包含肢体语言和手势。

第三种为口语之间型，字的音调和声音的腔调影响暗示的感受性。

第四种为超语言型，涉及语言单字和手势的隐喻影响着暗示的感受性。

（四）积极暗示指令举例

表 1–4 是张志华老师推荐的一些常用的积极暗示指令。

表 1–4　常用的积极暗示指令

暗示分类	暗示指令
1. 舒缓压力的暗示	不管外在环境如何紧张，我感觉到内在的平静
	我越感觉到平静、放松，我的成就感就越多
	我可以很轻易地化解任何外来的压力
	现在，对于任何的状况，我都会很平静、放松
	吸气时，吸进平静的力量。吐气时，呼出紧绷的压力
2. 增强自尊的暗示	现在，我爱自己、肯定自己
	我经常用温暖的关爱来善待自己
	在任何情况下，我都能很容易地维持着我对自己的正向感觉
	我完完全全地接受自己，我是宇宙独一无二的生命个体
3. 减重塑身的暗示	我可以轻易地维持我的正常体重。××千克，那就是我的体重
	我毫不费力地改变我对于饮食的观念与所定下的规则
	我总是选择吃有营养、低热量、高纤维素的食物
	食物对我而言是一些赏心悦目的东西
	我总是慢慢地吃，并且品尝嘴里的每一口食物
	我爱惜自己的身体，我喜欢自己
	我接纳自己的全部，包括家庭，还有我的长相、身材、体型
	所有囤积在我体内的垃圾情绪都会一天天排出我的体外

续表 1–4

暗示分类	暗示指令
4. 有助睡眠的暗示	我总是一觉睡到天亮，并且感到平静
	每当我想要睡觉时，就能很轻易地进入睡梦中
	每晚我都带着微笑入睡，而且总是可以很容易地整夜熟睡
	当我睡觉时，任何进入我脑海里的杂念，都像白云一样一朵朵飘过，很容易就消散了
5. 增进财富的暗示	任何有关致富的机会，都会为我而生
	君子爱财取之有道，我非常喜欢并善于赚钱
	从现在开始，我会一天比一天富有，我的存款会加倍增长
	我所做的有关财富方面的投资都会得到最好的报酬及收获
	我像一块充满磁力的磁铁，不断地吸引大量的财富
	我的潜意识引导我过着幸福的人生及富裕的生活，我过着无忧无虑的生活
	我永远珍惜我的财富，我衷心感谢我所获得的财富

（五）催眠暗示的弊端

在传统催眠中，针对症状给出的催眠暗示，其实就是直接对来访者的深层认知系统进行干预，这个干预往往是根据催眠师认可的或社会大众认可的价值体系对来访者进行认知行为调整。例如上述的舒缓压力、戒烟戒酒、减肥瘦身等。然而，这些调整是否真的有利于来访者自身成长和幸福呢？哪怕是其自己提出来的调整需求，是否就真正适合其潜意识需要呢？例如，一个长期酗酒的人，其酗酒的行为影响了他的家庭幸福，太太对他提出离婚，于是他求助于催眠戒酒。但可能他的酗酒行为正是他长期工作压力、抑郁情绪的一个缓解出口，通过催眠暗示让他戒酒后，他的压力和抑郁情绪并没有得到真正解决，还是会通过其他方式寻求出路，如演变成沉迷网络游戏，否则他可能陷入更严重的情绪问题中，如患上抑郁症。

实际上，现代社会越来越提倡多元价值观，越来越提倡人本主义的治疗理念，催眠师要充分尊重来访者的人格独立性和自主选择权，不能将自己的人生观、价值观，用催眠暗示的方式转嫁给来访者。因为催眠师的意识有很大的局限，催眠师的判断未必正确。如果用暗示将自己的人生观、价值观强加于来访者，其实就是限制了来访者人生的更多可能性。即使是来访者主动提出来的需求，也有可能是迫于社会外在压力而提出的。例如，大龄未婚青年一直不愿意找对象，但迫于长辈逼婚的压力而来求助催眠师帮他找对象。

总结起来，催眠师通过催眠暗示来干预来访者的具体症状，可能会产生以下弊端。

（1）所有暗示的信息都是催眠师的意识层面加工出来的，是个人对世界的认知和理解，这就是把催眠师的价值观植入、传递给来访者，但其实催眠师并没有资格成为来访者的人生导师。人对这个世界的认知很有局限，催眠师将有局限的人生、经验植入来访者的头脑中，教导来访者如何做人做事，是不适合、不靠谱的。

(2)仅仅根据症状施加暗示，改变来访者的某方面认知或行为，在解决问题的同时，也是在制造更多的问题。正如上述酗酒治疗的例子。

(3)每个人看到的都是自己大脑中构建出来的，未必是真正的“客观事实”，而什么样的生活对来访者自身幸福最有利，其实没有标准答案，只有他自己选择、自己负责的才是最适合他的。

所以，来访者更需要的是先增强自身的人格力量，增强自我的选择力量和对抗外界压力的能力。我们作为催眠师，其实不需要给来访者针对需求或症状施加具体的暗示，而只需要通过催眠，唤醒其心中更强大的生命力，让其自己更清晰自身最适合的选择，然后自己对人生做出选择，自己对自己负责，这便是最佳的疗愈。

五、唤醒阶段

唤醒就是把来访者带回清醒的意识状态，这个过程可以由催眠师主导，也可以由来访者自己主控。可以在唤醒前后施加一些催眠暗示，也可以在这个阶段帮来访者补充能量。如感受发光的能量水晶球、太阳、宗教信仰的力量等，都是通过语言、图像加载正向心锚。举例如下。

(一)由催眠师主导

引导词：现在是走出催眠的时间，同时这种感觉是平静、放松的。我将从 0 数到 5，我每数一个数字，你就会感觉更加清醒，同时你会感到愉快和充实。当我数到 5 的时候，你会睁开眼睛，完全清醒。0，永远代表更深的睡着。1，关上潜意识的大门，让所有积极信息留在那里帮助你。2，现在慢慢地、平静地向上走出来。3，身体开始苏醒，意识也开始清醒。4，深吸一口气，眼睛准备睁开。5，睁开眼睛，完全清醒。

(二)由来访者自己主控

引导词 1：过一会儿，你会带着刚才放松和舒服的感觉，回到这里来。等你觉得可以回到这里的时候，你会在心里默默地从 0 数到 10，以你自己舒服的速度和节奏来数就可以。每数一个数字，都会让你自己感到越来越清醒，越来越精神。当你数到 10 的时候，你会睁开眼睛，完全清醒地回到这里。这个过程中，我会一直在旁边陪伴着你。

引导词 2：过一会儿，你在心里从 1 数到 10，在每两个数字之间做一次深呼吸，数到 10 时，你会完全清醒，觉得非常清爽、舒服、精力充沛，让自己完全清醒，睁开眼睛。

(三)唤醒阶段操作注意事项

其一，如果在催眠过程中给了受术者一些不太自然、对其正常生活可能有所影响的暗示(如忘记名字、忘记数字等)，或者植入某种幻觉，或者某些舞台效应的心锚反应(听到某种声音就大笑等)，唤醒之前一定要先解除暗示。

其二，如果前面有进行一些治疗性处理(如年龄回溯、创伤恐惧疗法等)，唤醒之前一定要让受术者充分地修补创伤，补充养分。施术者具体的技术取向，决定了受术者在唤醒前对催眠过程中经历的一切是否要保有记忆，是否要形成某种反应模式等。

其三，一般受术者睁开眼睛被唤醒时，他仍然处于一种“高度受暗示”的状态，施术者要注意在接下来的几分钟里，对于刚才催眠过程的回顾或探讨，不要带有对受术者潜意识有负面影响的信息，如“刚才看你哭得很伤心”之类。

其四，在某些催眠过程中，还没结束唤醒环节，受术者就睁开眼睛自行回来了。这时施术者不能忽略唤醒环节，仍然要进行唤醒操作，否则有可能让受术者没有充分在催眠状态中回来，仍持续处于“高度受暗示”状态，其后的生活会受到一些不良影响。

其五，根据受术者的实际情况、需要和施术者的技术取向，可以在唤醒后布置一些家庭作业，让催眠效果渗透到受术者的生活中，持续固化。

其六，还有一些催眠会出现“回不来”的情况，往往是因为受术者在那种放松状态中太舒服、太享受了，不想回来，或者是知道要回来了（听到引导词），但仍然沉浸其中。也有可能是他回来需要比较长的时间，在外人看来仍然处于深深的催眠状态中。这时施术者可以提高音量、改变声音，给予直接暗示，还可以呼唤受术者的名字，一般人听到自己的名字会特别容易警觉。施术者此时不能慌张，一般通过上述方法，受术者过一会儿就可以清醒过来。

第四节　催眠状态下的身心表现

> 这也许有好多形式，不仅指高度的专注力。事实上在催眠时，脑中也许有时是几乎空白的，完全没有注意力；而在其他时候，注意力只会集中在催眠师的声音和他所说的事务上，而不会注意到其他声响。当注意力被直接引导到特殊的经验中，这些很冲突的想法不会被插入，它就如同集中在单一目标，以至于平常会影响的事件一件一件远离，只有催眠师和他的声音。在心理学上，它是以一种简单的方式，抽离自己离开现存的问题。
>
> ——Ernest 和 Josephine Hilgard

催眠是一种心智或意识变动的状态，通常是外部放松而内部专注。在这种状态下，会有一些现象，会放松（身体的及心智的放松），有高度的暗示感受性及内部的情绪、回忆，还有创造力容易被带动。常见的形容是“放松而专注”的状态，如儿童看电视看到入迷，全然听不到父母的叫唤和周围的其他声音，这就是一种催眠状态。

随着积累的催眠经验越来越丰富，众多学者对受术者进入催眠的深度进行了仔细观察和分类，力求在不同的水平上处理不同程度的催眠，还能根据催眠的目的把受术者引导至不同的深度进行工作。催眠界曾经普遍重视 3 个深度等级——轻度、中度和深度，但是后来发现在达成更多工作目标时，这是不够的。例如在完成牙医工作、外科手术（局部或全面）甚至是进行年龄回溯时，需要更清楚地区分受术者达到的催眠深度。后来众多学者又对催眠深度进行了更具体的分类，有的分为 30 级（Davis–Husban），有的分为 50 级（LeCron–Bordeaux），还有的分为 12 级（Standard–Scale），而至今流传最广、得到广泛认可的分级方式是 Arons Depth Scaie 提出的催眠 6 个深度等级。

根据催眠的目的不同，催眠需要达到的深度也不同，太深的催眠深度对催眠师进行催眠疗愈的工作是没有价值的。一般3级以内的催眠深度最有利于疗愈受术者，具体内容将在下文阐述。上述的催眠等级分类法，本书只做简单介绍，大家可以通过下面的“拓展阅读”进一步了解。

在不同的催眠深度，受术者可能出现以下具体表现。

(1)身体放松。

(2)眨眼/眼皮快速轻颤(进入与退出催眠状态时)。

(3)下颌放松。

(4)舌头放松而自然。

(5)嘴唇和咽喉发干。

(6)想吞咽。

(7)眼皮沉重。

(8)不想睁开眼睛。

(9)眼睛紧闭，无法睁开。

(10)昏昏欲睡，意识不活跃。

(11)部分或全身有沉重的感觉。

(12)有搔痒之意念，但又不确定是否要去搔痒。

(13)身体某些部分痉挛、抽搐。

(14)身体某些部分麻木，无肢体存在感。

(15)身体觉得温暖或寒冷。

(16)如入睡一般放松，感觉轻飘飘。

…………

从生理角度来看，随着催眠深度的发展，脑电波会发生改变，出现不同的波形，神经系统得到不同程度的放松。通过现代的显波学、脑科学等研究、实验，很多科学家已经证明人在不同的意识状态下有不同频率的脑电波。根据频率，可以将人的脑电波粗略地分为5种。

γ波：频率为31～50 Hz/s，是个体处于高度紧张、愤怒或兴奋状态时出现的脑电波。

β波：频率为13～30 Hz/s，是个体处于日常工作、学习状态或轻度焦虑状态时出现的脑电波。

α波：频率为8～12 Hz/s，是个体在心情平静放松、闭目养神或是刚醒来时的脑电波，此时意识清醒而身体处于完全松弛状态。

θ波：频率为4～7 Hz/s，是较轻的睡眠状态，或是所谓的“禅定”、气功状态，常见于个体疲倦时，大脑缺氧或轻度麻醉时也可出现。

8波：频率在3 Hz/s以下，是深沉的睡眠状态，大脑器质性病变或深度麻醉时也可能出现。

拓展阅读

Arons Depth Scaie 提出的 6 个催眠深度等级

第一级:很轻微,受术者不感觉被催眠,觉得完全清醒,简单肌肉放松,像是眼皮沉重,注意层面开始趋于窄化,小的肌肉反应开始减弱,如眼皮胶粘反应可以在这种状态下出现。

第二级:受术者更加放松,主动性反应逐渐减少,暗示接受性增高,类似浅睡眠的状态。大的肌肉开始能够被控制,如手臂僵直反应。内在的“碎碎念”、心里絮絮叨叨的动机、跑来跑去的痴心妄想,会开始削弱。

第三级:所有肌肉都可以受到节制,可以让受术者坐在椅子上站不起来,无法走路,不能清楚地数数,痛觉局部损失。

第四级:受术者开始出现知觉扭曲与幻觉,发生记忆丧失或旧记忆还原现象,会真的接收指令而把数字、姓名、地址等忘掉;手掌镇痛也不觉得疼痛,只感到触摸;能做牙科工作、小手术。

第五级:开始梦游状态。受术者出现完全麻醉现象,既不会认为痛,也不会感到被碰触,即痛觉与触觉都消散。会出现正性幻觉,看见实际上不存在的人和事物。

第六级:深度梦游状态。受术者出现负性幻觉,看不见实际上存在的人和事物。

判断催眠深度的几个标准如下。①肌肉僵直:前三级各有不同程度的肌肉僵直表现。②暂时失忆:第三级只是无法说出数字,第四级则是完全忘记数字。③麻醉:第四级是镇痛,但仍有触摸的感觉;第五级是麻醉,没有触摸的感觉。④幻觉:第五级是看到不存在的东西,正性幻觉;第六级是看不到存在的东西,负性幻觉。

第五节 催眠的大脑运作机制

催眠是透过直接或间接的指示,让个案绕过其批判意识而进入一个(受指示引导的)选择性的思考。

——Dave Elman

催眠就是通过一些程序和方法,使得个案的意识焦点(注意力)向内向下。

——Miltom H. Erickson

要了解催眠的运作机制,我们必须了解人类大脑接收的信息的来源及人类心智模式形成的过程。

一、人类大脑接收的信息的来源

人类大脑接收的信息有 4 个来源。

1. 外部环境　外部环境发送信息给大脑处理,如天气、新闻、音乐、电视节目、工作、人际交往等,以及周围日常影响我们的任何事物。

2. 身体　人正常的拉伸、移动、消化活动,以及紧张感、疼痛、不适,都会不断地发送信息给大脑。

3. 意识心智　它影响人的逻辑、理性、客观、决策及其他影响人意识的因素。

4. 潜意识心智　它可能是最有影响力的来源。它接收并保存所有的信息,没有同意或拒绝,无论是来自宗教、社会、遗传背景还是进入我们日常意识的所有小冲突。

二、人类心智模式形成的过程

通过进化发展,人类面对的外界信息越来越纷繁复杂,刺激增多。当意识心智不能再处理更多输入大脑的信息时,潜意识心智会立刻准备让人做出战斗或逃跑反应,如心脏泵血更快,血压升高,血液从器官组织流向肌肉,瞳孔放大。也就是说,当人面对一些意识不了解的或者认为是具有威胁的信息时,都会试图退回原始的行为反应,而不是使用新形成的心智的意识区。但这种逃避机制随着意识区的扩大,却变得越来越困难,人类已经发展出强大的对抗"逃跑"的抵抗力。

在人类进化阶段的早期,人类生存下来完全靠本能。他们没有抑制过程,如愧疚、羞耻、尴尬、道德感、宗教信仰、忠诚和责任感。他们可以不假思索地随时随地大小便,在受到威胁时尖叫或表现出攻击性,在有性冲动时可以在任何地方同任何人发生性关系,他们或是逃跑或是战斗,依据敌人的体型大小或声音高低来决定。一旦不能逃跑或战斗时,他们就会退行进入一种被动的、麻木的状态,装死直到威胁结束。

因为人类的身材矮小,他们的动物敌人有天然的武器,所以不得不发展出使用工具的能力,如用棍棒和石头。他们用兽皮做衣服,当作天然的伪装。为了避免隐藏时被发现,他们不得不养成控制大小便的习惯,只在他们居住地的某些安全区域大小便,并且开始群居。由此,他们开始发展出了最初的抑制机制:覆盖下体,控制大小便,群居在一起以获得保护。

这些抑制机制逐步进化形成了更强的意识,更强的意识使他们对自己和他人更有责任感。然后,潜意识反应开始掌控无意识的一切功能,包括抑制机制。这种抑制机制进一步发展为一种自动补偿系统,称为副交感神经系统。每当通过交感神经系统准备发生战斗或逃跑时,副交感神经系统就会调节交感神经,使其恢复正常。随着人类的逐步进化,"战斗"在社会中变得很难被接受,副交感神经系统开始抑制战斗反应,使"逃跑"变成更容易接受的逃避机制。

人们在正常状态下,所有信息都会通过意识区、批判区的过滤,得到意识的确认、许可才能进入潜意识层面。随着人类社会的发展,人类意识区过滤和处理信息的能力越来越强,为了不轻易触发战斗/逃跑反应,意识的自我压抑的能力越来越强大,潜意识的反应也就越来越少。但是当人的意识已经无法再承受压力时,身体焦虑感觉增加,并产生对未知的恐惧、害怕,这时为了保护自己,副交感神经的自我调节功能补偿矫正,把战斗或逃跑的身体反应转变为缓慢、消极的状态。人对战斗失去斗志,保持静止,像睡着一样,处于低迷、冷漠的状态,直到危险过去。这就是抑郁等情绪问题背后的引发机制——

过量的信息让大脑进入一种恍惚状态,意识思维并未退去但却失去往常的控制能力(陷入失控状态),更多地回归到心智的原始区。这时追求安全、快乐的潜意识强烈影响着人的行为,于是意识和潜意识的冲突愈发强烈,人便持续陷入了难以摆脱的抑郁或焦虑情绪状态。这就是一种因意识无法有效处理过量信息引发的自我催眠状态。

然而,这种失控而陷入的催眠状态使人痛苦、难受。我们可以根据大脑的这种运作机制,采取同样的原理,在一个积极可控的条件下,让人安全地进入有治疗价值的催眠状态,这就是催眠师在心理咨询、治疗工作实践中运用的催眠。

例如,一个从来没有接触过催眠的来访者,进入催眠室这个陌生环境,见到专业的催眠师,还有墙上的各种证书、桌上的各种摆设等,当他被引导坐在舒适的椅子上时,头脑中的预期、猜测也在不断增加,大脑中已经有大量的信息加载。他也许开始产生一些对未知的恐惧和焦虑,可能是对失控、暴露隐私的紧张不安等,甚至头脑也开始处于恍惚状态。此时,如果催眠师让他闭上眼睛,开始用语言继续加载一些信息单位到他的脑中,引导他放松身体,或者做一个简单的暗示感受性测试,他的大脑会继续接收催眠师发出的这些不断加载的信息,他的意识心智会试图对抗这种情况,但它往往做不到,因为催眠师说话速度往往比他的意识心智接收信息的速度要快。这时候,他往往会退回到其潜意识心智,触发战斗逃跑反应。表现为他的大脑某些部分功能已经被抑制,批判区功能被削弱,继续加载的信息单位便能绕过批判区,直接进入潜意识层面,也就是说,来访者已经进入了意识恍惚的催眠状态。

综上所述,催眠的大脑运作机制并不是像公众想象的那样,一味让来访者放松舒适的,而是需要通过大量信息加载,让来访者产生焦虑,触发其大脑的“战斗或逃离”机制,从而开启潜意识大门,进入催眠状态。这个过程同时也是通过带动来访者神经系统一张一弛交替进行,从而增强其交感和副交感神经系统活性的训练过程。

第六节 催眠及其疗愈理念的临床应用

一、催眠的临床应用

催眠治疗是一种既古老又年轻的技术,在古代就被应用于巫士对人们思想意识的影响和改造。而在现代的心理咨询治疗领域,催眠作为一种帮助来访者发展出强大个人资源,进而指引来访者取得个人治疗目标的强大手段,已经广泛用于帮助来访者解除痛苦,使来访者放松和成长,恢复身心健康。其应用范围如下。

(1)身心调节,如放松减压、克服恐惧、提升自信心、调节情绪、帮助睡眠。

(2)心理治疗或辅导,可以治疗各种身心障碍与疾病,如抑郁症、强迫症、失眠症、自卑等。

(3)教育,如潜能开发,提高记忆力和专注力,提升创造力与灵感等。

(4)美容瘦身,如催眠丰胸、催眠减肥、改善皮肤状态、提升魅力等。

(5)处理关系,如改善、和谐夫妻关系或家庭关系,职场上下级关系,以及亲子关系等。

(6)改变不良习惯,如戒除烟瘾、戒除酒瘾、戒除网瘾等。

(7)身、心、灵探索,如了解自己、洞察他人、探索人生真谛等。

(8)医疗,如镇痛、提升免疫力、调整心态、稳定情绪、安慰剂效应等。

(9)刑事侦查,如回忆案发现场、寻找线索、协助调查取证等。

(10)体育领域,如帮助运动员精准控制身体肌肉、高度集中注意力,在比赛中高水准发挥等。

(11)商业运用,如催眠式销售、沟通技巧、增强行动力、提升业绩等。

(12)舞台表演,如某些娱乐场所的催眠秀。

二、催眠疗愈理念在临床心理工作中的应用

现代人由于学习、工作、人际关系及家庭关系的压力、紧张、竞争与忧患意识,饮食不平衡,生活不规律,以及欲望的不能满足,人生成长过程中的挫折、失败、情感纠纷等不能及时得到很好的疏解与解决,会出现情绪问题、心理失调、行为障碍与心身疾病(心理因素导致的躯体化症状)等。作为疗愈咨询师,当然希望自己能做些什么来减轻来访者的痛苦。不过,想要帮到来访者,仅仅说些“话术”是远远不够的。话语如何传递到来访者的潜意识层面并对其产生更深层次的影响呢？催眠的方法和技巧可以帮助疗愈咨询师更好地看到来访者的潜意识需要,提高对来访者的干预效果。这是咨询中使用催眠术的重要价值所在。

运用催眠术帮助来访者找到内心深处的原因,就能帮助其从心理障碍中释放出来,就能使心身疾病康复。催眠治疗能更快地找出问题的根源,直接作用于对人影响力强大的潜意识层面,所以催眠治疗的速度和效果是一般的心理治疗难以比拟的。而凡与心灵、记忆有关的困扰和问题,催眠治疗都可以提供一定的协助或舒缓,是十分全面有效的治疗方法。

第七节　催眠师的重要信念和核心策略

根本没有所谓催眠师这档子事。作为一个操作这项工具的人,你所能做的就是,提示个案如何从正常的清醒状态或者睡眠状态跨越门槛进入一种被称为催眠的特定的意识状态。

并不是你在催眠个案,而是他自己在催眠自己。也就是说,我们所使用的暗示对任何被催眠者来说,并没有“魔力”,比起“催眠师”这个词,更精确的说法应该是“催眠操作者”。作为一位催眠操作者,你教导被催眠者如何去达到恍惚状态(或是其他状态)。接着,如果被催眠者愿意,你就激起他的想象力——开始行动。

我之所以要强调“如果被催眠者愿意”这几个字,是因为同意是必要的。除非被

催眠者愿意接受你给的暗示,否时你下的暗示是没用的。在催眠中的任何时刻、任何深度或阶段,被催眠者依然拥有绝对的选择性。因此,被催眠者只会对他觉得合理及他喜欢的暗示做出反应。

——Dave Elman

一、尊重每一位来访者

现代社会更强调尊重每一位来访者,已不再使用权威式的催眠。大众熟知的舞台催眠,是通过催眠师一通强大的操作,让来访者完全失去意识和理智,从而完全受催眠师的操控,做出各种不可思议、不合常理的行为。这纵然可以博得台下观众一笑,但这只会增加人们对催眠的好奇和恐惧,甚至对催眠师敬而远之,不能放松地敞开内心,得到疗愈。其实这种"催眠游戏"对上台被催眠者的暗示敏感度要求是很高的,催眠师需要通过各种环境对被催眠者进行筛选,才能选择出适合的、能呈现舞台效果的人来参与活动。如果按照这样的标准来筛选来访者,很多来访者将会被拒之门外,被权威派认为"不可催眠"的来访者只会越来越多。

以往权威式催眠流派的催眠师就是运用这样的理念去对来访者进行治疗,即通过把来访者导入潜意识状态后,针对症状植入相应的暗示以达到治疗目标。例如,针对想要减肥的来访者,催眠师就将其催眠进入潜意识状态后,做出"吃高热量食物就会想吐""餐后要运动"等暗示;针对想要戒烟瘾的来访者,催眠师就植入"闻到烟味会感到恶心"的暗示;针对抑郁症患者,催眠师会反复植入开心、愉悦、兴奋等暗示信息,从而实现对来访者情绪深层调整的目标。这样的治疗理念是一种把每位来访者都看作"患者",然后根据某种"正确标准"去矫正每位来访者的行为、思维方式,力求把人们的行为、思想都按照一个标准来设定的治疗模式。现代社会充斥着多元价值观,越来越注重人权,人们不再容易盲从权威或者屈服于权力。对于能顺从权威且被催眠的来访者,这样的催眠治疗对其日后的身心健康就一定有利吗?

针对症状来给予暗示的治疗方式,其宗旨在于不断给人设定"正确模式",但在千变万化的生活中,不可能真有某种通用模式走遍天下。如果依赖于催眠师的暗示输入,其实是完全被动跟从的模式,来访者自身的调整能力并未得到提升,更未发挥其主观能动性来进行自主摸索和调整,这样只会让来访者越来越依赖催眠师,依赖权威的指引,心理能量是被削弱的。另外,诸如肥胖、烟瘾等状况,其实往往除了习惯之外,都是某种更深层的心理需要的外在体现。如果催眠师只是通过重新设定程序调整了他的刺激反应模式,但其深层的心理需求仍然未被满足,来访者迟早会在其他方面形成新的心身问题,以便寻求心理需要的满足。也就是说,这种治疗方法是治标不治本的,并不能从根本上帮助来访者实现内在的疗愈。

所以,现在我们推荐运用的是人本主义理念下合作派的催眠术。人们的各种情绪和行为问题,本身都不是"问题",其本质都是心理能量的固着,持续不平衡。例如,抑郁本身不是问题,每个人或多或少都会有抑郁状态,但持续抑郁而无法自动调整到正常情绪状态,或者从来不会有抑郁状态,才是催眠师需要解决的问题。又例如,吸烟本身在心理上不是问题,但明明不想吸烟、对吸烟有强烈反感和焦虑,但仍然忍不住要吸烟,这个强大的心理冲突持续存在而不能平复,才是催眠师需要解决的问题。

面对这些问题,催眠师不应该强调其权威感,催眠师与来访者之间是平等合作的关系,运用催眠术对来访者的深层需求进行评估,鉴别每个来访者独特的特质,在对其心理反应有充分的理解和接纳的基础上,通过催眠术激发其神经系统的自发调整,让其交感神经系统和副交感神经系统功能得到充分激发,增加自我的弹性,从而让心理能量逐步恢复到动态平衡的状态。这就是备受推荐的最直达根本的催眠术,也是以后催眠师进行音声疗愈催眠所遵从的疗愈核心理念。

二、催眠师并非全能的上帝、主宰者或智慧先知

催眠没有什么魔法,催眠师只是透过观念的沟通及动机意愿的厘清与激发,让来访者自己掌握自己。催眠师只需要遵循程序有弹性地响应个案目前走的路径就可以了。

催眠师与来访者之间不是一种控制与被控制的关系,而是一种平等互动的合作关系。催眠师只是作为一个领路人,通过自己掌握的一些诱导方法和技巧,帮助来访者进入这种特殊的意识状态,从而实现其需要达到的治疗目标。所以催眠师需要在催眠前通过一系列专业设置和沟通,让来访者理解这种合作关系。来访者需要为不能被催眠担负自己的责任,催眠师首先要坦诚地承认自己并非上帝或主宰者,没有绝对能力催眠任何人,除非对方愿意让自己进入他的潜意识。有了这种心态,能否被催眠不再是对催眠师的考验,而是来访者的意愿和放松程度,以及自我开放度的问题。

三、催眠过程是一个持续施加教育和影响的过程

对来访者的教育训练从催眠前的沟通就开始了,这个教育和训练可以是语言上的,也可以是非语言的。譬如,做手臂悬浮引导时,催眠师用自己的手轻轻、慢慢地配合着来访者的呼吸节律,扶起来访者的手臂,让其整个手臂"学会"自己飘浮在空中。

在做手指分开引导时,让来访者放松且专注地注视着他的手指头,他的手指自然会慢慢松开来,越来越开……当他专注于一只手指头时,那只手的感觉会有些不一样(其实往往是专注让微动作放大了)。通过催眠师的语言暗示,他会进一步体会手指的轻微抖动,甚至有麻麻的电流感或其他感觉。这时候,催眠就成功地"教导"了来访者如何把感觉专注向内,而且变得越来越敏锐了。

如果来访者在催眠引导中故意捣鬼,不配合,那么催眠师需要回到最开始的催眠前谈话环节,往往是最初的咨访关系没有充分建立,或者没有得到对方允许,没有把握到对方真正的咨询目标。

可见,催眠师是名教育者,催眠师要做的就是让来访者学会自我催眠,享受催眠带给自己的各种改变。

四、催眠师永不"失败"

正因为没有控制和挑战,我们支持持续地施加教育影响,成功与否只是来访者自己

的问题，所以就没有“失败”可言。

举个例子，催眠大师 Dave Elman 的一个关于“眼睛睁不开”的经典引导词，就很典型地体现了催眠师如何避免“失败”。

引导词：请做个深呼吸……（呼吸调整引导）现在，让你的眼睛和眼睛周围的肌肉也都完全地放松，全然地放松，越来越深地放松……它们已经全然地放松，只要你继续保持放松，你就会继续闭着眼睛。当你觉得已经足够放松了，你可以试一试，看看眼睛是不是放松到想睁都睁不开了（When you' ve got them relaxed to that point，give them a good try and satisfy yourself that they remain closed）……

该引导词实际上是将放松的责任回归到来访者本身，让他试试自己是不是已经达到了眼睛想睁都睁不开的放松程度，这样，催眠师就没有“失败”可言了。无论来访者确实是睁不开或是睁开了眼睛，催眠师都可以顺势往下引导，进入深化步骤或是再给予正向增强和训练。这就像射箭练习时，如果不把目标定为“把箭射中靶心”，而是去熟悉弓和箭这两个工具，人们就能安心放松地去享受射箭的过程，没有成功与失败可言。

综上所述，无论你在何种情景下使用催眠术，都要注意自身保持放松、稳定的状态，以更加灵活、敏感度更高的方式进行催眠，同时鼓励来访者也更加灵活、敏感，这是最佳的双赢局面。

五、声音和敏感的心是催眠师最重要的工作工具

催眠师在刚开始学习催眠的阶段，要训练声音，让自己的声线、声调能配合催眠环节的需要，传递出相应的感觉，以及营造出来访者进入状态的想象空间，这是催眠成功的关键。例如，在权威式催眠中给出直接暗示（命令式），需要强而有力的声音；而在合作式诱导时，则需要缓慢柔和、给人抚慰的感觉。

同时，催眠师不仅仅是单调地对所有来访者说出引导语，实施催眠流程，更重要的是，对自己及来访者有一份敏感的觉知，能通过呼吸、体态、表情等，随时满足来访者的需要而对催眠方式和程序做出微妙调整。

所以，这两者均是催眠师在工作中需要持续修炼、提升自己的方面。

思考题

1. 在日常生活中，大众对催眠存在哪些误解？

2. 大众对催眠的误解会带来哪些担忧和恐惧？

3. 传统催眠师会在实践工作中遇到哪些困难、问题？

4. 自我觉察练习：自我觉察是心理咨询师、催眠师的基本功。如果你有志成为一名催眠师，请觉察一下，这背后的动力是什么？成为催眠师，会给你带来什么好处？

第二章　音声疗愈技术

凡音之起，由人心生也，人心之动，物使之然也，感于物而动，故形于声，声相应，故生变。

——《礼记·乐记》

把音声即音乐、声音运用到人们生活中的各个方面，在古今中外其实并不新鲜。

早在远古时代，我们的祖先就学会了运用人声或乐器来模仿自己听到的声音，实际上是在周围环境中发现了自我的存在。在古希腊，阿波罗既是音乐之神也是医药之神。某些治疗的神殿把音乐作为主要的工具，来让身体与心灵达成和谐，带来疗愈。

在原始时代，巫医通常使用单调而无休止的节奏来给患者治病，显示其控制病魔的威力和意志。而巫术中巫歌的运用（民间俗称跳大神），正是人类对自身实施心理暗示与音乐治疗的最早开端，至今我们仍然可以在民间及原始部落见到它的影子。在古老的医疗仪式上，巫师通常使用一种特定的乐器（如手鼓），嘴里哼唱一些单调而神秘的曲调或咒语，伴随一系列变化莫测的舞蹈动作，作为一种与无形世界取得联系的手段，帮助患者营造一种有利于康复的氛围，从而达到治疗与康复的目的。

许多神话故事都提到过“宇宙是通过声音而创造的”。譬如，佛学里认为，人类最早是从“光音天”（色界诸天中二禅天的第三天）里来的，也叫“光音天人”。这层天地中没有我们现在所说的声音，是以光为语言的。据说古埃及的智慧之神托特（Thoth）仅用自己的声音就创造了万物。自古以来，神圣的仪式和巫术活动都会用到音乐和各种声音，受部落人们尊敬的祭师、魔法师往往也是善于运用音声的大乐师。

在公元前6世纪，毕达哥拉斯（Pythagoras）是古希腊最重要的思想家之一，他的思想直到现在还影响着世界。毕达哥拉斯被视为几何学之父，也是西方世界第一个建立起频程（又称为音程）之间关系的人。他相信宇宙是一个巨大的单弦琴，伸展在天地之间，弦的上半部连接绝对的灵性，弦的下半部则连接绝对的物质。当人将音乐当成精准的科学来学习，人就能熟悉自然的所有层面，能将自己谐音频程的法则运用到自然的所有现象，彰显元素、行星、星辰之间的谐音关系。毕达哥拉斯曾提到“天体音乐”（music of the spheres）。他认为天体在宇宙间的运行会创造声音，这些声音可以被那些有意识去锻炼倾听能力的人感知到，天体音乐因此可以在拨弦的频程间重现。对毕达哥拉斯与他的学生而言，天体音乐不单纯是一个隐喻。据说，古希腊的导师们真的能够听到行星在天界波动时所产生的声音。天体运动与声音之间的关系，几世纪以来都是科学家的假说。但到了近几十年，科学家运用根据行星在轨道上的速率所导出的先进数学原理，在不同的行星与声音之间画等号，令人惊讶的是，它们彼此间似乎有谐音的关系。或许，这个古希腊导师所具备的听力，真的让他将这些天文学的运动感知为声音！

古人早已了解到，宇宙一切都源于振动，也时刻处于振动状态中。所以自古就有音声治疗的丰富实践，只是这些实践都只是建立在经验之上，没有实证性研究，所以没有形成一门科学。

第一节 古人对音声治疗的探索

一、乐之来源

在我国，其实自古就有把音声用于调整人的心神，乃至治病的很多系统的研究，古人凭借他们的智慧，给我们留下了丰硕的实践成果。

我们从仓颉造字就可以看到古人对音声的深刻认识：藥（药）字是从樂（乐）字而来，樂在产生之初，是用来治病的，是藥的祖先。相传黄帝打败蚩尤后，蚩尤的士兵被擂战鼓震晕了。黄帝是一位很仁慈的君主，为了治愈这些士兵，就做了一个金属钟形的东西，架在木头架子上演奏，这就是现在所说的乐器。当时奏响这个东西时，躺在地上的蚩尤士兵居然“复活”了！古人认为这样的工具奏出的声音可以把士兵的魂招回来，于是他们就活过来了。按照古字篆书写法，“樂”这个字中间是个“白”，白代表金属，五行中金对应白色；两边是丝弦，底下是木，表示架在木头架子上演奏。仓颉就根据这个金属钟形的东西造出了“樂”字。可见，当时的音乐是用来治病的。后来人们发现草也能治病，所以“樂”字之上加了一个草字头，就成了“藥”（图 2–1）。所以说药的祖先是音乐，音乐最早的功能是治病。

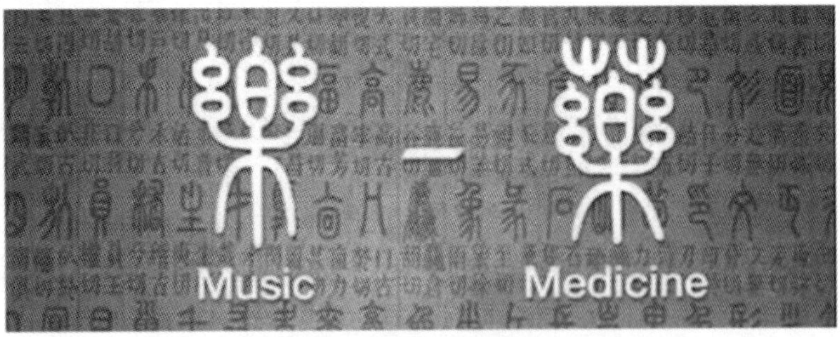

图 2–1 古代篆书中的乐和药

二、古代之乐

追溯史书中的记载，伏羲造瑟埙调百病，亦乐亦药拯救万民；轩辕黄帝大约在

2700 年前就研五音应五脏,以五音疗疾,其后人撰写宝典医书《黄帝内经》,提出了五音疗疾理论;三皇五帝试竹苇立五音定十二律(六侣六律),对应人体十二经脉(六阴经、六阳经);大禹治水时期,大禹首创《禹步歌》医救万民;最早源于南北朝时期的六字诀吐纳养生疗法,主要通过嘘、呵、呼、呬、吹、嘻 6 个字的不同发音、口型,利用呼吸,调动身体脏腑的潜在能力,以抵抗疾病侵袭,防止衰老;药王孙思邈按照五行相生规律编写的《卫生歌》……都是古人以高超的智慧,灵活运用音声作“药”的音声治疗实践成果。

第二节　西方学科化发展的音乐治疗

一、18 ~ 19 世纪西方音乐的发展

在文艺复兴以后的一个多世纪,欧洲音乐艺术步入了人类音乐艺术史的一个辉煌巅峰时刻。18 ~ 19 世纪中期,欧洲各国音乐艺术的辉煌成就,让音乐从教堂走进了宫廷。后来随着民间音乐的发展,各国作曲家创作的音乐作品层出不穷,音乐又悄然走出了宫廷,不再是神父和贵族的专利,这在客观上也为音乐治疗的学科诞生提供了温润的社会土壤。当时著名的奥地利医生利希滕塔尔(P. Liechtenthal)1807 年所著的《音乐医学》,就详尽地介绍了音乐可以作为一种医疗手段,是西方最早的系统论述音乐治疗的专著。

二、20 世纪音乐治疗的发展

20 世纪第二次世界大战期间,在美国的一所野战医院里,当时的医疗和生活条件都十分恶劣,士兵情绪低落,手术后的感染率及死亡率很高。当时有医生带着士兵每天都唱着他们熟悉的家乡歌曲,很快士兵的情绪稳定了下来,术后感染率和死亡率也随之下降,术后愈合时间明显缩短。这一发现在战争结束后引起了当时美国医学界的普遍关注。于是很多医院开始雇用音乐家来参与部分患者疾病的治疗工作。

随着 20 世纪自然科学的进一步发展,人类医学的发展步入了一个崭新的阶段,各种治疗传统绝症的药物的发明及医学科学临床治疗手段的出现,改写了人类的疾病治疗史。医学作为一门专门研究人类健康的自然科学,真正地出现了。医学领域的研究人员证实,人对声音的接受能力始于胎儿在母亲肚子里的时候。人的五官中最先“开窍”的是耳朵,胎儿可以听到母亲的心跳声、呼吸声和讲话声。所以现在人们对胎儿进行胎教时,就包括让孕妇听音乐。

与此同时,心理学这门社会学科在 20 世纪也随着自然科学的发展而逐渐独立发展起来,形成了以动力学派、行为主义、人本主义等心理学派为代表的完整社会科学体系。人体医学和心理学的发展与完善,为音乐治疗这门新兴学科的诞生奠定了重要的基础。越来越多的医学家、心理学家和音乐家都开始认真地着手研究音乐对人的健康究竟有何

作用。在临床上,优美舒缓的音乐可以调解患者的情绪,帮助患者呼吸,对患者的内脏起调节作用,这已经是公认的事实。

1944 年和 1946 年,美国密歇根州立大学和堪萨斯大学先后设立了音乐治疗课程,系统训练专门的音乐治疗师,于是音乐治疗作为一门新兴的学科诞生了。1950 年,美国成立了世界上第一个音乐治疗协会,并出版论文集及刊物。随后西方部分国家也纷纷成立这类组织。音乐治疗已发展为一门集音乐艺术、医学和心理学的交叉应用型新兴学科,临床技术研究和应用已经发展得相对完善,在西方国家的医院、特殊学校、心理服务、监狱等机构中,音乐治疗在心身疾病治疗、心理治疗及咨询、边缘人群社会行为矫正等应用领域都发挥着重要的作用。欧美、澳大利亚等地的一些大学相继成立了音乐治疗的专业科系。

三、音乐治疗的定义

虽然经过了多年发展,但现在研究者对于音乐治疗尚无统一的定义,不同的研究者对音乐治疗的定义也不尽相同。

音乐治疗领域最权威的美国著名音乐治疗学家布莱沙(Bruscia)在他的《音乐治疗定义》一书中认为:音乐治疗是一个系统的干预过程,在这个过程中,治疗师利用音乐体验的各种形式,以及在治疗过程中发展起来的治疗关系,来帮助当事人达到健康的目的。

日本医生田中多闻认为:把音乐作为媒体使用的医学治疗方法,主角是音乐治疗医生,根据医生的处方,音乐家、护士、临床心理医生作为整体中的一员相互协作。

中国著名的音乐治疗专家张刃认为:音乐治疗就是音乐治疗师针对来访者身心健康相关的身心或行为问题,进行专业评估或诊断,制订治疗计划,使用各种音乐治疗的临床技术进行系统有效的临床干预,最终帮助来访者达到身心健康目的的过程。

总的来看,虽然音乐治疗尚无统一的定义,但是各种定义还是有共同的部分,即都有治疗师、来访者、治疗目标和干预过程,只是这些要素的定义不尽相同。

田中多闻医生认为音乐治疗是“医学治疗方法”,更倾向于把音乐治疗定位于医学治疗方法的一种。布莱沙的定义则没有刻意区分音乐治疗究竟是医学的还是心理范畴的治疗方法,他和张刃都强调这是一个“帮助来访者达到健康目的的干预过程”。但是田中多闻医生则强调这是一个不包含来访者在内的专业人员的“协作过程”。

对于音乐治疗所运用的媒介——音乐,布莱沙具体表述为“音乐体验的各种形式”,更体现了音乐治疗中素材的多样性。

四、中国音乐治疗的历史

相比于西方国家音乐治疗的发展,我国音乐治疗起步较晚。很多人不了解音乐治疗,大部分人认为音乐治疗只是用音乐进行情绪安抚。1980 年 6 月,美国亚利桑那州大学的人文系副教授、美籍华裔音乐治疗师刘邦瑞应邀在中央音乐学院做音乐治疗学术讲座,首次把西方音乐治疗的科学理念引入中国。

1984 年,湖南省马王堆疗养院精神神经科和湖南长沙人民医疗器械厂的音乐治疗研究所组建了我国第一所心理音乐治疗室，把音乐治疗真正运用到医疗实践。1986 年，北京安定医院和北京回龙观医院与专业音乐人员合作，先后开展了对老年抑郁症的主动治疗和慢性精神分裂症的参与性音乐治疗。1989 年，国内首个专门研究音乐治疗学的群众性学术组织“中国音乐治疗学会”成立，科学化的音乐治疗在我国开始起步，其在临床科研、人才培养方面取得了初步的成效。

中央音乐学院在 1999 年开始招收音乐治疗方向的硕士研究生，2003 年开始招收音乐治疗专业的本科生。音乐治疗正式进入专业音乐教育学科体系，逐渐培养出经过严格教学和训练的合格音乐治疗师。

音乐治疗在大陆落地发展的 6 年后，我国台湾的第一位音乐治疗师从美国回到台湾，于 1996 年成立了“应用音乐推广会”。虽然台湾音乐治疗起步相较大陆来说有些晚，但是因为专业水平较高，发展速度很快赶上了大陆。

中央音乐学院音乐治疗专业学科带头人高天是我国第一位赴美学习音乐治疗的留学生，他回国后，在 1996 年创立了国内首个音乐治疗研究中心，为广大音乐治疗师和音乐治疗专业学子提供了实践和学习的平台。

至今，我国的规范化音乐治疗主要在一些精神病医院、康复医院和综合医院开展，中国音乐治疗的会员单位有 200 多个，其中大部分是精神病医院、康复医院。越来越多的医务工作人员和热心的音乐工作者投入音乐治疗的探索和学习中。在临床研究方面，尤其是在孤独症儿童治疗、老年疾病防控、边缘人群行为矫正、心身疾病治疗、药物（毒品）依赖防控等领域，音乐治疗已经取得了一定的成果。

第三节 音乐治疗与音声疗愈

疾病，是因为身体部位“走了调”；声音，是未来疗愈身心的“医药”。

——乔纳森·高曼所著《声音也能治病》

一、音乐与音声的区别

音乐和音声既有相同之处，又有字义上的区别。《说文解字》提到“生于心，有节于外谓之音”。由此来看，“声”“音”有别：声，产生于一切的振动之中；音，是由声协调组合而成。二者一个是构成音乐的基本零件，一个是组合后的艺术形式。

“音乐”在《现代汉语词典》中的解释是：用有组织的乐音来表达思想感情、反映现实生活的一种艺术。音乐是通过音调（其支配旋律和和声）、节奏（及其相关联的概念节奏）、动态（响度和柔软性）、音色（声波的品质）等元素共同组合，和谐编辑而成。音乐的定义，因文化和社会背景不同而有所不同，不同样式或类型的音乐可能会强调、弱化甚至忽略其中的某些元素的重要性。从各种各样的乐器和声乐技术演奏到唱歌，再到说唱，都是不同的音乐形式。演奏乐器、声乐（如不带乐器伴奏的歌曲）及将唱歌与乐器结合在一起的作品,也是不同的音乐形式。能称为"音乐"的一个共同点是,音乐是声音的有序调和,是让人听起来愉快的文化艺术形式。

"音声"是一个由"音乐"和"声音"两个部分组成的复合词。这里的"声音",具体是指在自然中容易被人耳捕捉到的能量波动。也就是说,音声既包括作为文化、艺术形式的音乐,也包括自然界中一切振动产生的声音。可见,音声的范围比音乐宽广得多。仔细聆听,我们几乎无时无刻不被周围环境中各种大大小小的声音包裹,因为"万物皆有声",万物皆有其振动频率。风吹叶子、花草生长、血液流淌、肠胃蠕动……皆是自然之声。

现代人被现代工业文明创造出来的各种更响亮、繁杂的声音所包围,如电视声音、手机铃声、流行乐曲、机器轰鸣声、汽车喇叭声……正所谓"五音令人耳聋"(出自《老子》),这些喧嚣之音反而让现代人的觉知能力越来越低,越来越依赖强烈刺激带来的感官享受,生命离最原始的自然状态越来越远,从而失去了很多我们原有的本能。所以,用于音声疗愈的材料,可以是动听的音乐,也可以是声音。因为疗愈是要满足健康状态的需要,所以要选择合适的音声、振动频率作为疗愈工具,而每个人身心失衡的具体情况不一样,需要的工具也不甚相同。

二、治疗与疗愈的区别

治疗是指通过药物、手术等人为干预手段,改变特定健康状态的过程,其对象通常是指健康状况不佳、有病的人。而疗愈则不一定要面对病人。因为人体是潜意识的所在,它储存着人成长中经历的种种创伤。创伤是需要释放的,这个过程不能单靠理性的头脑去完成,最重要还是需要回到身体,去释放和表达情绪。在人体里,创伤会把能量集结于某处,时刻影响着人的生活,让人在某些方面无法受头脑、意识的控制,也就是人们常体会到的"失控"状态。最常见的"失控"状态就是身体各种疼痛、失眠等表现,严重者则可能会出现更严重的躯体疾病、癔症等。这时人们往往并未感觉到自己"生病"(更不会意识到有心理问题),也不会寻求"治疗",但它们却可能持续多年地影响着人的日常生活。

其实这样的过程在大自然中,在动物的身上,每天都在重复进行着。例如,我们经常见到两只狗相遇时,可能为某种原因缠斗在一起,甚至咬伤对方,或者被对方抓伤,但几分钟后它们分开并快速跑走,抖动着身体,再过一会儿,可能会舔一下伤口,但已经能像什么事都没发生一样继续觅食、打闹。通过各种动物纪录片,我们也不难发现各种动物每天面对的关乎生死存亡的压力比人类大得多,如刚出生不久就要渡过藏着鳄鱼的河流的小角马,随时面对猎豹追赶要亡命奔跑的羚羊,一滴雨水就可以淹死、却必须日夜忙碌工作的蚂蚁……《当下的力量》的作者埃克哈特·托利对此提出了有趣的问题:你可曾碰到过一只垂头丧气的海豚、一只自尊心受损的青蛙、一条无法放松的鱼,或者一直怀恨在心的鸟?

对呀,为什么大自然里的动物不会有创伤(或创伤症候群)?一只非洲草原的小羚羊每天都活在各种生存威胁之间,但它不会有焦虑恐惧症,不会抑郁或做噩梦,也不会哭着对羊妈妈说它不要上学,因为路上有狮群!

这就是大自然的智慧，它让动物有一种与生俱来的本能，面对威胁、压力时，动物可以通过身体的抖动、颤抖等进行自我调整，来释放每天遭遇压力威胁后残留在身上的多余的能量与激素，而身体残留多余的能量会形成创伤症候群，这就是动物自我保护的一个本能。

但在人类身上，越是受教育良好的“高素质”人，越是社会化良好、道德品质高尚的人，就越是无法像动物一样直接采取“战斗或逃跑”的本能应对机制——你要尊敬师长，听从父母教导（哪怕他们在肆意侮辱你的人格、自尊），继而按照社会（他人）设定的规则去做好每件事；你要时时处处考虑别人的感受，不能生气就给伴侣扇一巴掌，也不能殴打、辱骂你的老板或摔门出去。人无法凭借本能“战斗或逃跑”，压力和各种情绪张力（惊慌、恐惧、愤怒等）就会集结于身体之内，类似冻结（frozen）的状态，从而形成了身心沉积的创伤。可见，正是人的大脑皮质即“意识脑”的抑制作用，以及教养文化、社会制约等多种因素，让人在遭受压力甚至创伤之后，不会直接释放那些强力作用的压力激素——肾上腺素及皮质激素，这些激素若长期在体内维持着高水平，会带来许多身心疾病。

人类在进化过程中发展出了强大的大脑、伟大的意识，这让人类有能力储存更多信息，包括有用的知识、过往的记忆，也包括没有用的负面能量。于是，人类就成了大自然中最能够“活在过往”，集结负面情感，形成创伤的高等动物。人类习惯性地把更多问题的解决寄望于意识，遇到问题努力地“想办法”已成为人类处理问题的普遍应对模式。

人类要像其他动物那样，在紧张、焦虑、强大压力之后恢复能量自然流畅、身心舒展、生命力旺盛的自然状态，身体就要释放、清空这些集结的能量。就像疏通河道、清除淤泥一样，让身体能量、潜意识像河水一样重新流动起来！疗愈，正是这样一种让人们真实面对自己生命，通过各种方法对过往集结的负面能量进行疏通、清理、更新、转换的过程，进而使人回归到一种自然的、幸福的生命状态。可以说，疗愈生命是一种高级的养生！每个人都可以通过疗愈实现生命的升华。身、心、灵疗愈临床实践著名专家迪帕克博士曾说：“当我们能够把覆盖在心灵之上的遮盖物一一去除掉，允许幸福的光芒在闪耀，那就是疗愈在发生。”

综上所述，音乐治疗就是运用音乐活动的各种形式，包括听、唱、演奏、律动等手段对人进行刺激，激发身体反应，以达到驱除疾病、恢复人体健康的目的。音声疗愈是综合运用各种形式的音乐、各种类型发声器物发出的自然之声及人自身的声音，通过声音的共振和调频，来达到疗愈身心、扬升生命能量的目的。

三、音声疗愈的发展与应用

在 20 世纪中叶音乐治疗诞生之后的几十年中，许多发达国家的研究者利用各种先进的研究手段，在音乐、声音和生理相关的领域进行了广泛而深入的研究，音声刺激引发心率、血压、脑电波波动，肌肉收缩，以及神经内分泌改变等生理反应的效果逐渐得到证实。20 世纪60 年代末，技术手段更广泛、效果更好的音声疗愈开始萌芽，并在西方国家迅速发展。到了 20 世纪末 21 世纪初，各种音声疗愈活动在欧美各国已经非常普及，很多音声疗愈音乐会在有着数百年历史的教堂举行，各种音声疗愈工作坊、训练课程、梵唱音乐会等遍地开花，颂钵、铜锣、鼓、笛、雨棍、风铃等乐器加入音声疗愈的大家庭。

随着近年来显波学、量子物理学等科学研究的深入，人们逐渐从科学角度认识到"人声"本身的疗愈作用，继而在古老的梵咒、吟诵中，提炼出科学运用母音、泛音、共振原理对人体的科学价值，发展出更丰富、简单、直接运用声音作用于人的身、心、灵健康的发声练习技巧，从而更加丰富和完善了把音声应用于健康领域的探索。

至今，在对音乐治疗、音声疗愈接受度高的城市，如伦敦，每逢假日便有很多音声疗愈师以不同的方式，包括运用音乐的和各种乐器、声音的，来为人们提供服务。又如在有着深厚音乐、音声发展底蕴的意大利，人们更是经常通过参与各种音乐会、声音疗愈音乐会来放松、调节身心。层出不穷的音声疗愈课程在意大利不断涌现，那里也孕育了全世界最多的音声疗愈师。

在我国，虽然音乐治疗已经在正规医疗机构越来越大范围地推广起来，但民众普遍对音声疗愈还知之甚少，因为音声的运用基本上还是发挥古人总结的经验和方式，形式上与人们认为"迷信"的活动类似，所以很多人觉得音声疗愈是"歪门邪说"或是宗教活动。也因为国内音声疗愈技术的传播、发展还很有限，现在音声疗愈还极少正规、科学地应用于临床治疗中。现在基本上是一些人把在国外感受、学习到的音声疗愈技术带回国内，通过各种民间机构陆续传播，诸如颂钵疗愈、瑜伽吟诵等形式的工作坊在各地已经如雨后春笋般传播起来，但由于技术没有统一规范，良莠不齐，还未得到人们的广泛认可和接纳，亟须科学化的研究支持和规范化的发展。

第四节 音声疗愈的运行机制

声音，本质是振动；振动无处不在，有振动就有声音；只要有声音，都会产生谐音；谐音引发共鸣，能量得以转换。疗愈，就此发生。

一、声波与共振

无论在古老的印度，还是在古埃及、古希腊，甚至在印第安人的古老文化中，其宇宙观都提到，宇宙是在由一种庄严的声音围绕着一切的情况下形成的。这些充满智慧的古老文化都认为，在时间与空间的开端之前，所谓"造物主"处于一种绝对完美的平衡状态中，要想让各种力量进行交合、演化，最终产生人们如今目睹的宇宙及生命，都需要打破其原有的平衡。这种"打破"，需要在无尽的虚空中发出某种振动，这种振动也许极微小，但却如同种子一般，带着各种无限的可能性，在无尽虚空中无限扩张，最后打破平衡，创造了所有的新生！这起源于虚空中的微小振动，创造了万物的原始状态及后来数不清的形态，包括人在内。而这样的创造，到此时此刻依然持续扩张着。这就是中国古语中所说的"道生一，一生二，二生三，三生万物"。

声音是一种振动的能量，以波的形态出现。这些波在科学上用"赫兹（Hz）"这个单位来度量，以测定这个能量每秒创造出多少循环，人们称之为声音的"频率"，被人们体验为声音的"音高"。世界万物都有其独特的振动频率，这些振频既独立存在，又互相影响，产生了无穷的奇妙的交互作用。

每秒来回振动 100 次的一根弦，会发出 100 Hz 的声音，这个数字就是这个音的频率。如果这根弦的振动是每秒 1 000 次，则所发出的声音的频率就是 1 000 Hz。人类能够听见的振动范围是有限的，频率在 16 ~ 25 000 Hz。每个人因为年龄的不同而有非常大的差异，听力完美的年轻人有时可以听到 25 000 Hz 的声音，然而绝大多数的人却听不到超过 10 000 Hz 的声音。超过 25 000 Hz 的声音称为超音波，低于 16 Hz 的声音称为极低频。声音振动得愈慢，人所感知到的声音愈低；振动得愈快，人所感知到的声音愈高。在钢琴上，最低音的振动频率为 27.5 Hz，最高音的振动频率为 4 186 Hz。

一切的波动都会创造出谐音。谐音，又称为泛音，是一种声音现象，只要发出声音就会出现。通常，当人听到小提琴或钢琴发出一个声音时，人会感觉到单一的音调。然而，几乎所有的乐器、人声或其他声源发出的音调，实际上都不是纯粹的单音，而是由纯粹单音频率混合而成的“分音”。这类频率中，最低的称为基音，所有频率比基音高的分音都称为它的泛音。

尽管人的听觉范围限定在 16 ~ 25 000 Hz（这个范围内的波动会被感知为可听见的声音），但并不会因为人听不见这个范围以外的声音就表示那里没有声波的振动。事实上，到处都有无数人听不见的声波在四处波动，宇宙正是由波动所构成的，所以一切都会创造出基音与谐音，无论是电子绕着原子轨道运行，还是行星绕着太阳运行。

当今的新物理学中有一门叫“宇宙论”的学科，就是把宇宙比作一只巨大无比的弦乐器，宇宙的基本粒子是比原子核直径还要短千亿倍的“次原子粒子弦”微粒，粒子弦振动的方式是早已定好的，且由于彼此之间的互动而产生了物质粒子的特性。而人身处其中的这个世界，是一个由泛音相扣而成的大链子，每个个体都以独特的频率在振动，整个宇宙就是通过振动连接在一起的一个整体。

这种连接又是怎么产生的呢？来自共振。共振是指某个振动中的物体会自然或者强迫带动（如果力量足够强大的话）另外一个物体也以相同频率振动起来的现象。当两个系统在不同的频率振荡，一个系统的频率对另一个系统的频率产生诱导作用，能量在这两个系统之间发生转换，最后它们会调谐至同一频率继续振动，这就是产生共振的原理。一个经典故事早就昭示了这一原理：约书亚与他的军队一边吹小号、击着鼓，一边绕着耶利哥城墙转，产生了极大的共鸣效果，最终让城墙倒塌下来。

举一个简单的例子：如果把 10 个相同音频的音叉放在一起，敲击其中一个，使其发出声响，其他的 9 个也会相继跟着发出声响，拿着震动着的音叉靠近平静的水或沙子，会引起水或沙子跟着振动。这就是万物之间的“调频”。

同样的，共振可以促使人体这个系统与外界、宇宙这个系统发生能量转换。早在千年前，人们就已经懂得用谐音共振和源头相连，进行疗愈。那些深谙音声振动神奇效用的人，就已经懂得某些特定的频率对人体具有特定的疗愈力。古埃及人把声音看作“神的语言”，其中大自然的天籁之声是天上之神在一起发出的和声，赞美的歌是由有灵感的人创造的，而灵感、幻觉则是一种与神交流的音乐。

二、音声疗愈的起效机制

（一）物理学角度

音声首先直接作用于物质肉体，在使用音声进行治疗时，不同的器具（包括人声、自然界或各种乐器）发出的声音及乐声创造了不同频率的声音、振动，来实现谐振，创造共鸣，这让能量得以互相影响，人体得到调谐。

人体体重的60% ~70%是水，水分子完全具备感应外在信息的能力。具有一定规律和变化频率的声波，振动并作用于人体各部位时，振动频率在身体内持续与水分子共振，继而胃、肠道、肌肉、脑电波等随之产生和谐共振，身体淤堵得到疏通，气血循环得到促进，各器官节律趋于协调一致，人体内部的器官和谐了、舒适了，人体的负面能量得到转化，情绪、精神的愉悦感随之升起，对人的身体、脏腑进行调频，改善各器官的紊乱状态，从而解除疾患，促进康复。

（二）生物学角度

无论是音乐还是任何有生命的机体，皆有一定的节律，也就是一种张弛、动静的感觉交替。失去节律或者节律紊乱，人类活动就无法正常持续进行。

音声可以通过有序的组织形成艺术化的音乐，音乐之所以动听，正因为它的节奏模式和曲调体系在很大程度上与人体的特征节律有着奇妙的共通。音乐节奏可以明显地影响人的行为节奏和生理节奏，如呼吸速度、运动速度、心率等。科学研究证明，当人们听到适宜的声音时，体内会产生一些生理活性物质，心搏、脑电波、脉搏等会逐渐与声音的节奏同步，从而调节神经和人体血液的流动，释放压力，舒缓心情。

一位法国的耳鼻喉科医生托马提斯用了长达45年时间来研究人耳功能及倾听的重要性，他用大量研究指出耳朵、听觉对人体健康的重要性——头颅几乎所有的神经都连接到耳朵，耳朵与视觉、行动也有相互关联，耳朵也连接到迷走神经，影响喉、支气管、心脏、食管和消化道，所以不同的音、声可以使人产生不同的生理反应，如心率、脉搏的快慢，血压、皮肤电位反应，肌肉电位和运动反应，以及脑电波等。例如古代作战中“一鼓作气”“鸣金收兵”，便是运用了不同声音带给士兵不同生理反应的原理。

大脑有一种“侧抑机制”，即当人专注于和谐的声音体验时，听神经兴奋会带来其他脑神经的抑制，达到深层的放松效果。音乐能起到催眠、镇痛作用，是由于大脑皮质的听觉中枢与痛觉中枢的位置相邻，音乐刺激造成大脑听觉中枢兴奋，可以有效地抑制相邻的痛觉中枢，从而明显减少疼痛。同时音乐还可以促使血液中的内啡肽水平增加，也会有明显的减少疼痛的作用。

当人们专注于通过人声谐音进行吟诵、唱诵的时候，吟诵者的心率、呼吸、脑电波和意识都会随之改变，甚至逐渐进入一种容易进行灵性旅程的状态。脑部的不同部位通过这些声音得到共鸣与活化，释放不同的激素和神经化学物质，以促成状态的改变。

（三）心理学角度

长期以来，心理学家一直存在各种理论流派，他们都试着解释音声疗愈的身心效应机制。一种理论认为音声首先影响人的情绪，使人产生各种各样的情感，然后作用于人的生理。另一种理论认为音声是通过作用于人的生理而影响人的心理。事实上，身心本为一体，其影响、作用密不可分，这两种机制在很大程度上是交互作用的。

有的心理学家认为，如果传统的心理治疗认为“认知决定情绪”，那么音声用于心理治疗，则是“情绪决定认知”。音声疗愈师正是利用音声对情绪的巨大影响力，通过音声来改变人的情绪，最终改变人的认知。

例如，音声疗愈师可能先采用一系列悲伤或激昂的音乐，来促进来访者宣泄压抑的情绪情感，激发其强烈的情绪体验，再采用放松、舒缓的音乐来使其重新进入安全、放松的状态，来访者就会自然地对以往创伤事件产生新的认知，从而促进心理创伤的愈合，激发内心积极的情绪力量，最终摆脱困境，疗愈心理创伤。

从催眠的角度看，作为人类共同语言的音乐或大自然的各种声音，也可以起到“隐喻暗示”的作用，不通过任何“道理”，让影响绕过批判区直达潜意识层面，让来访者产生新的情绪和感受，从而用音乐语言起到催眠暗示的效果。

（四）灵性能量角度

各种超自然研究都不断提到人体会发出一种“光”和“能量场”，它们被认为和中医的经络、穴位及佛家、道家所说的“气”有密切关系。很多古老的东方宗教的修炼方法都和气脉、经络有关，早期经络主要发展于各种修行理论和实践，修行者在功能状态下可以体会和观察到经络的各种变化。其实，早在两万年前的亚特兰蒂斯时代和八千年前的古埃及时代，据说都普遍盛行着能量疗法，它通过调理人体经络、气脉来疏通和提升能量。

古印度的瑜伽理论认为，人类虽然有肤色、种族的不同，但这些都只是表面的区别。在这个看得见、物质性的身体外，人类还有一个看不见的、灵性的身体（subtle body）。每个人体内都有一个内在的能量系统，称为灵体，它与医学上人体神经系统密切相关，主要由 3 部分构成：①3 条经脉（nadis 三脉）；②沿着人体中线，上下分布着的 7 个能量中心（chakras 七轮）；③灵量（从梵文 Kundalini 译出）。尽管这些能量理论似乎与印度教派、西藏的灵性信仰有紧密关系，但它们并非宗教理论的一部分，而是来自对能量敏感的古人的感知、觉察。尽管这些能量没办法用温度计和科学仪器探测出来，但确实有极少数具备高敏感度的人即所谓的“灵视者”，或天生或通过后天修炼，可以感觉、观测到这些精细能量。这些人看到，这些精细能量是颜色、声音、密度不停转变的漩涡，看起来就像旋转的能量之轮，梵文称之为 chakra，即“轮子”。

在 1939 年，苏联工程师基利安夫妇将被观测对象置于一个由高频高压发生器产生的高频电场中，然后把被观测对象的手指或手掌放在感光板上，以观测人体能量场。他们发现，活的人体周围会以一定的节奏发出彩色的光环和光点，人的健康和活力状态不同，其周围光的亮度、深度、尺寸也就有所不同。而当一个人死亡一段时间后，光环即消失。人体某些部位比周围发出的光更强，而这些点正好与中医经络理论中的 741 个针灸穴位相吻合。基利安夫妇的发现在世界上引起轰动，让人们越来越接受人体具有能发出特殊光晕的生物能量场。

时隔多年，虽然目前的解剖生物学仍然无法完全证实经络、穴位和气脉的物理存在，但其体系已被世界范围的现代医学界普遍认同。现代音声疗愈学者研究发现，一些特殊乐器发出的声音确实可以有效地唤醒、净化、平衡三脉七轮的能量，提高免疫力，增强内脏功能，有效调节自主神经系统及内分泌系统。

总结前人的种种实践和研究经验，人们可以通过各种音声带来的和谐共振，带动宇宙行星、大自然、人体等产生共振的奇妙力量，放松身心，整合及平衡能量，消除负面能量，开启直觉力，激活生命力，唤醒细胞记忆，补充生命能量，从而改善亚健康状态。

第五节 音声疗愈的应用范围

音乐治疗是人类必不可少和有效的疗法，它在几千年中影响着人类的行为和自身条件。

——美国音乐治疗之父 E. Thayer Gaston

音乐治疗和各种声音疗法对人类有着多方面的作用和意义，适当运用音声治疗，能对人的身、心、灵各方面都起到综合的疗愈作用。

一、对健康的影响

“健康就是不得病”的结论是不完整的。世界卫生组织（WHO）把健康定义为：①身体没有疾病和衰弱的表现；②健康的心理；③社会适应性状态。

音声有着强大的疗愈人体作用，可以调和身体频率。医学试验证明，人类的中枢神经自主脉冲频率在30秒左右。在音乐分析中，人们很巧合地发现莫扎特的音乐韵律差不多刚好每30秒达到一个高峰。因此听莫扎特的作品可以维持人体的内稳态，减少紧张、焦虑，促进放松。

不同的音声可以引发不同的组织器官产生不同的生理反应，音乐的节奏更是可以明显地影响人的行为节奏和生理节奏，如心率、脉搏、血压、皮肤、肌肉和运动反应、内分泌和体内生化物质、脑电波等，从而使血压降低、血管容积增加、去甲肾上腺素水平增加，纠正内分泌系统紊乱状态，平衡内分泌，让机体更加和谐有序，明显促进人体的内稳态。音声还对心脏病、高血压、胃肠疾病（如胃溃疡、十二指肠溃疡等）、癌症、神经性皮炎、荨麻疹、偏头痛有良好的作用，还能改善失眠、头痛、自主神经功能失调等身心疾病。

音声能帮助人们放松肌肉，进入深层放松状态，减少紧张、焦虑；它还可以产生明显的镇痛作用，作为辅助手段用于医疗方面。因为人的大脑皮质听觉中枢与痛觉中枢的位置相邻，而音乐刺激造成大脑听觉中枢的兴奋可以有效地抑制相邻的痛觉中枢，从而明显地减少疼痛。

音声对人的情绪的影响力是非常巨大的，可以有效改善压力引起的焦虑、抑郁、恐惧等精神状态。音声疗愈正是利用音声对情绪的巨大影响力，通过动听的音乐或适合的声音来帮助人缓和、表达或宣泄情绪。它还具有一种强大的力量，推动、支持人们以更稳定的能量，来控制可能破坏音乐和谐的任何自我冲动和个性表现行为，这种自我调控和合作的能力最终会泛化和转移到人们的日常生活中。另外，音声疗愈有着包容、不压迫的魅力，让人自然心生愉悦，走向解脱，会帮助那些社会性退缩的人逐步参与到活动中去，从而改变其自我封闭状态，增强社会调节能力，最终实现人的整体能量提升、人格整合。研究和实践证明，音乐对于治疗孤独症（自闭症）、多动症、阿尔茨海默病等多种发展性疾病都有很好的辅助作用。

例如，在新型冠状病毒感染疫情防控中，为鼓励疫区群众应对疫情，新华社“声在中国”栏目以“不要害怕，坚定希望”为主题展开创作，依托新华社一线记者采集的图片及视频素材，按照战疫、封城、逆行、希望4个篇章，制作了音乐纪录片《坚定希望》。该纪录片由多位歌手进行公益献唱，他们用铿锵优美的旋律和动人心弦的歌词，为疫区人民带去了最殷切的祝福和鼓励。

随着公众对疫情的不断关注，众多音乐平台及音乐人也纷纷参与到抗疫活动中，紧急创作了大量公益歌曲，不仅为当时深陷疫情当中的疫区人民和“抗疫”勇士送去了温暖和力量，还在定点接收感染患者的医院奏响了这些乐曲，充分运用了音乐的力量去疗愈人们的心灵。

二、开发潜能、改善人际关系、提高学习效率

世界各地有着不同文化和不同年龄的母亲都会用催眠曲有节奏地安抚哭闹的婴儿。有研究表明，刚出生的婴儿就能区别出节奏模式中的差异。从进化的角度来看，音乐的出现早于语言，音乐是全世界人类共同的语言。每个人的大脑都能对音乐产生神经反应，这是祖先根植于我们基因里的本能。我们的祖先通过歌曲、故事和舞蹈来互相建立联系，传承他们的故事和知识。即使在今天，音乐都能成为人们连接情感的工具。所以，音声刺激可以改善人际交往，开发人潜意识层面的本能，提高人的专注力和大脑运作效率，改善学习效果。

音声疗愈开发潜能的作用在人声谐音对大脑松果体的刺激上体现得更明显。松果体是人大脑中一个小小的、松果形状的腺体，它位于头部正中央，是一个随着人的成长会快速钙化并失去作用的腺体。在人呱呱坠地的时候，松果体的原初状态是活跃的、充满能量的，常被称为人的“第三只眼”，笛卡尔认为它是“灵魂的位置”。科学家对它的作用有着不同的认识：有的科学家认为它是人感光的生物时钟，会影响睡眠和其他腺体的分泌；有的科学家认为它会导向北磁极，让人有方向感；有的科学家认为它是生物冷光器官，能够创造出光。音声疗愈师实践发现，人声谐音的练习可以刺激松果体产生一种叫作“神经黑色素”即褪黑素的物质，它很可能是连接人心灵和大脑的关键物质。

三、稳定磁场、开启灵性

佛教有很多源于梵文的秘密咒语，如广泛流传的六字大明咒“唵嘛呢叭咪吽”。根据佛教传承，人如果能够每天诚心念诵六字真言，可以使身体健康、萌发智慧、消灾除难。佛教修炼中还有一种修炼方法，叫作耳根圆通法，就是在打坐时放松身心，凝神定志，静心听大自然当中的天籁之声，由远而近，直到倾听到人体里的内在之声，使内外合一，进而无内无外。

无论是东方还是西方,人们都已经在实践中进一步明确了声音与身、心、灵之间的密切关系。现代科学证实,音声疗愈可以改变人体被周围杂乱的社会环境扰乱的磁场,让人能量场变得更稳定,从而增进意识与潜意识之间的连接,提升身体敏感度,让人拥有更敏锐的觉知能力,从而让人的灵性层面得以提升。

第六节 音声疗愈的素材

音乐是高尚机智的娱乐,这种娱乐,使人的精神帮助了人体,成为肉体的医疗者。

——康德

万物都有共鸣的频率,无论这种频率能否被人耳听见。虽然大部分声音通过耳朵进入大脑,让人得以觉察,但人类能接收到(听到)的声音频率范围很有限,很多频率是人耳无法听到的;而且耳朵并不是声音影响人体的唯一接收器,皮肤、身体其他部位都有自己独特的共鸣频率,都受到声波振动的影响,只是不一定都能感知到而已。所以,有些声音不是给耳朵听的,而是给整个身体系统来感受的,也不一定要人听到声音的振动才有价值。所以,音声疗愈根据其发音工具的不同,分成了不同的类型。总的来说,音声疗愈的工具分为人声和人声以外的各种器材。

一、艺术形式的音乐

音乐作为一种艺术形式,是与语言及其他声音既相似而又大不相同的特殊信息,其要素是曲调、节奏、旋律、音色、力度、速度等。美好的音乐可以陶冶人的情操,净化人的心灵,给人以美妙的享受。科学家研究发现,非言语的音乐旋律可以刺激右脑,而唱歌可以刺激左脑的语言中枢;在听音乐的过程中,音乐通过不同的神经回路刺激整个大脑,改善脑内代谢和循环,从而有效刺激大脑,加强学习能力。而更深一层来说,音乐有着改变一个人意识状态的作用,它的节奏模式和曲调体系在很大程度上与人体的特征节律有着奇妙的共通,通过音乐带动来访者体验、经历或释放不同的情绪,开展奇妙而丰富的音乐旅程,促进脑内啡肽的释放,提振精神,提高创造力,创造疗愈创伤的机会。

聆听、感受各种类型的音乐,对聆听者的生理、心理、情绪产生不同的影响,从而实现疗愈、治疗的效果,这是音声疗愈最常规的治疗方式。

二、非音乐形式的各种声音

物体的振动能量通过声波传入人的耳朵,使耳膜发生振动,并传到大脑听觉中枢,于是有了声音。人周围的每一种物体都有振动,振动所产生的声音都各有其性质。人类本身生长于自然界中,与各种各样的声音(振动)和谐共处于同一空间。对于自然界不同性质的声音振动，人类有的能听到，有的听不到。事实上，无论是海洋、山川、河流、风吹、树摇、雷雨、飞鸟走兽等的声音，还是各种乐器奏出的声音，都可以与人产生和谐的共鸣，无论人能否听到这些声音。人的身、心、灵对这些声音有着各不相同的吸收程度，这些声音会对人体产生各不相同的影响，既有正面影响也有负面影响。只要运用得当，自然界的所有声音都可以帮助人体进行调频，使人体回归原本的状态，即疗愈。

我国古人还通过八音乐器"金、石、丝、竹、匏、土、革、木"配合奏乐，来改善身体、治疗疾病。这些不同的音声振动，与人体五脏六腑、血脉、体液、细胞、穴位形成谐振，身体迅速进入松、静、空的状况，五脏六腑平衡运转，身体的疗愈系统开始运行。

广泛用于疗愈的乐器通常是一些振动频率强而稳定的乐器，如鼓、音叉、铜锣、颂钵等都可以用于疗愈。它们很多都是自古以来祭祀、仪式典礼甚至巫术中必用的乐器，早就成了人类文化、传统仪式中重要的一部分，如战场上的鼓声、原始部落的海螺声、天主教堂的风琴声……这时候，人们不仅用耳朵聆听，更是全身心舒展地融入相应的振动当中。虽然古时没有任何科学证据证明它们的功用，但经过千百年来人们的经验认证，每一种独特的音声都能让聆听者犹如置身于音声的海洋，对身体内特殊的部分进行调频。这些音声疗愈技术和前述的音乐治疗不同：音乐治疗主要作用在身体、心理、情绪层面，而这些疗愈技术着重于调整频率，实现和谐的共振，除了作用于身体、心理层面外，还能作用于"灵"的层面。

三、人声

最深度的疗愈素材，其实是人自己的声音。在地球上的所有乐器中，人声是最有力量的。在音声疗愈催眠中也一样，如果能直接运用人声来创造出和谐的振动，带动人体的振动频率进行调整，是最直接有效的。人的声音作为疗愈工具，其实已经充分体现在每个人来到这个世界的过程中——每个人呱呱坠地"哇……"的一声，蕴含着生命中记载的丰富信息，对于共同"历劫"的母亲和孩子来说，都是如释重负的生命之音。母亲哺育婴儿时，也会自然地轻轻吟唱，婴儿便能在母亲的声音中安然入睡，可见由声音所产生的连接是多么自然而深刻的。

谐振带来了声音的疗愈效果，人体本身就是非常好的声音共振器。由于发音共鸣生理结构的细微差异，每个人发出的声音哪怕音调一样，其泛音、共鸣所产生的音色调性、质感是不同的。它们就像人的 DNA 一样，让每一个人的声音都呈现其独特性，每一个人都拥有自己独特的谐振频率。前文提到，人们研究身体不同脏器的振动频率，从而通过乐器或机器制造出相应的声波，但也无法适应每一个个体的细微差异，只有自己发出的声音，才能有效地引发自身内部的共鸣，用谐振来改变自身内部的振频。

人们静坐、冥想、吟唱或结合一些特殊的音声工具，都是有意识地运用人声谐音的方法，连通身体的能量中心，让身体各脏器、细胞产生和谐的共振，从而帮助身体调频，实现身心合一。随着对声音疗愈力量越来越深入的了解，人们发现远古神秘学派的导师早已领悟了声音真正的力量。在人类生活与自然最高度融合的远古时期，他们就已经发现这颗星球上最有力量的乐器当属人声。虽然电子乐器能发出振幅、分贝数、声调都远超人声，但人声所带动的共鸣和耦合可以深度影响和改变人体振频，更有效地带动意识层面的改变，起到更深刻的疗愈效果。我们可以在人类社会各处看到祖先给我们流传下来的，通过人声来调整意识、疗愈身心的例子。例如，在教堂、寺庙中感受圣诗班的唱诵、高僧的梵咒吟诵，可以让人瞬间得到荡涤心灵的感觉，快速净化磁场，带来谐振，使身心清明；在自身唱诵、念诵梵咒时，人也能感受到身体器官被带动产生共鸣、谐振，身体气脉得以疏通，气息更加强壮。

注意：并不一定是好听的音声才能用于疗愈。音声疗愈中有时也会运用一些不好听的音声，如不和谐甚至显得嘈杂的音乐，以及某些让人烦躁的生活声音等。

为什么不好听的音声也能有疗愈作用呢？

一方面，正如人对味觉、嗅觉的感知一样，人对听觉的感受也有着很强的主观性，没有绝对的好与不好，只有主观的喜欢或不喜欢，需要或不需要。例如，近年来，在年轻一代中流行一种"咔嚓音疗助眠法"，它是通过反复聆听咀嚼薯片时清脆的咔嚓咔嚓声，达到释放压力、放松身心的效果，从而帮助入眠。但有的人听到这些声音则更加烦躁，难以入眠。

另一方面，虽然大部分声音经由耳朵进入大脑，再由大脑来判断人们喜不喜欢它。但是，耳朵不是声音影响人体甚至情绪的唯一接收器官，人全身的皮肤等不同部位都在接收声波的振动，用各自的方式在"听"。尤其是某些强振动乐器创造出来的声波频率，能够更好地穿透声音，疗愈器官。

还有一方面的原因是，一些人听着不喜欢的声音反而能够激活身体内某些沉睡的能量。这有点像人们常说的"鲇鱼理论"——把会吃小鱼的鲇鱼放养在小鱼的水池中，它搅动了小鱼的生存环境，同时也激活了小鱼的求生能力。对来访者来说，某些音声能起到这种激活生命力的作用。

所以，在疗愈中我们更需要根据每位来访者的情况有针对性地设置素材。而在运用这些可能不好听，甚至让来访者不舒服的音声之前，也要耐心说明，让来访者不要逃离它，而是尝试感受它，以及感受它所激发的情绪体验，这本身就是疗愈的一部分。一般这些不好听的声音用于诱导、激发环节，而在疗愈的整合环节，主要使用和谐的声音。

第七节 音声疗愈常用的技术

古今中外不断发展出了形形色色的音声疗愈技术，根据来访者的疗愈目标，音声疗愈师选择不同频率、音质、旋律、结构、速度、配器的音乐、声音，让来访者聆听，感受音声带来的种种影响，从而实现疗愈。下文将对从古至今有影响力的各种音声疗愈技术进行介绍，帮助大家初步认识音声疗愈的技术。

一、我国古代的五音疗疾法

中国轩辕黄帝大约在2700年前就研五音应五脏，以五音疗疾，其后人撰写宝典医书

《黄帝内经》,提出了五音疗疾理论,即用宫、商、角、徵、羽五音来振动、调校身体系统,采用的就是万物振频互相影响的原理。古人认为,宫、商、角、徵、羽五音分属土、金、木、火、水,分别对应人体的脾、肺、肝、心、肾五脏,即“五音入五脏”,并逐渐形成以五音来调节人体五脏的音乐治疗。

(1)宫调养脾:脾属土,在音为宫,在志为思。土的特性是踏实厚重、长养万物,因此宫调式音乐的特点以平和、中庸为主,整体风格为雄浑敦厚坚实、悠扬而庄重。古代大户人家讲究“钟鸣鼎食”,其实就有利用悠扬和谐的宫调式音乐来激发食欲、健脾助运、促进消化这样一层用意。传统的江南丝竹乐大多属于此类,即弦乐和吹奏的管乐。

(2)商调养肺:肺属金,在音为商,在志为忧。金的特性是冰凉的、清冷的,对应高亢、激越的商音。商调式音乐的特点是高亢嘹亮,营造出一种苍劲悲凉的气氛。肺气虚的人,症状以久咳、气短为主,宜多听一听这类音乐,可以改善肺气不足的状况。还可以自己尝试吹笛子,这对锻炼肺气很有好处。典型的乐曲是古曲《阳春白雪》。

(3)角调养肝:肝属木,在音为角,在志为怒。木的特性是柔顺、舒展、向上生发,对应柔美舒畅的角音,因此角调式音乐如春天般充满生机,令人愉悦。典型的乐曲是《广陵散》。听这类音乐可以起到疏肝解郁、调和肝气的作用。

(4)徵调养心:心属火,在音为徵,在志为喜。火的特性是跳跃的、升腾的,对应风格明快、轻松活泼的徵音。心阳不振的人,如冠心病患者,存在胸闷、面色紫暗、容易怕冷等症状,可以通过听徵调式音乐来激发阳气,改善心阳虚的症状。徵调式音乐的特点是欢快喜悦、烘托出喜庆的氛围。典型的乐曲如《紫竹调》。传统的广东音乐大多属于这类风格,最具代表性的乐曲是《步步高》。

(5)羽调养肾:肾属水,在音为羽,在志为恐。水在五行中属阴,具有趋下的特性,对应风格哀婉、清幽的羽音,因此羽调式音乐大多是哀伤的、阴柔的。临床上多用此类音乐来缓解抑郁,尤其适合肝肾不足的更年期女性,用以排解心中烦闷、调节情绪。另外,肾阴不足、容易上火、手脚心偏热的人及肺结核患者,通过听这类音乐可以收到滋养肾阴、降火的功效。代表作品有二胡曲《江河水》《梅花三弄》等。

有的作曲家正是巧妙运用了五音和相应乐器的特点,创作出传世的作品,如人们所熟知的《沧海一声笑》,是黄霑先生为电影《笑傲江湖》所创作的主题曲。这首曲子首先以倒弹宫、商、角、徵、羽五音开篇,然后通过此五音的循环往复,造就了磅礴的气势,成了传世经典。

二、音声疗愈的具体技术

(一)音乐放松技术

音乐放松技术就是疗愈师借助特定的音乐,帮助来访者提升身体、心理、情绪等各方面的放松状态的被动聆听类技术,这是把音乐用于疗愈的最基础方式。

一般会选用速度为每分钟 60 拍左右的比较舒缓或者轻快的音乐,但对于儿童、少年或者持续焦虑患者,可选用节奏稍快一些的音乐,一般每分钟 72 拍左右。这是相对来说最不具有情绪变化的音乐种类,其节奏速度最接近于人在睡眠、放松状态下的心率。其配器不宜过于复杂，乐句旋律线的音高变化不宜太大，过于繁复的乐器层次变化和高低跳跃的旋律都容易分散来访者的躯体放松注意力，让其情绪兴奋。所以，一般选择乐句简单、旋律平缓，可以有单调重复，没有歌词或只有少量衬托性质的人声哼唱的音乐。

正因为这类音乐的上述特点，它能让聆听者的听觉持续处于单一、类同的反复刺激之下，会引发人神经系统的"感觉疲劳效应"，产生听觉疲劳，唤醒人的副交感神经系统，所以该技术多用于促进睡眠、舒缓压力、疗愈身心问题、导入冥想状态、缓解焦虑情绪等，起到很好的放松、深化效果。现在在很多音乐播放软件中也普遍有专门栏目，帮助轻度焦虑、失眠者进行自我放松、调整。因为音乐自身的特点，人们在家自行聆听也能起到一定的效果。但如果是重度、长期失眠或焦虑、紧张者，就必须结合其他技术或药物来使用。焦虑的来访者，多数都持续陷于内在的混乱之中，不容易把注意力集中到外在的音乐上，这给音乐放松技术的使用效果带来了局限。要想解决这个问题，需要疗愈师结合其他技术在疗愈中发挥综合作用，如结合专业的催眠诱导，让来访者的专注力更好地集中于起效的音乐上，从而发挥更理想的放松效果。

需要注意的是，在运用音乐放松技术处理心身问题的时候，身体问题（常见特定部位的疼痛，以及高血压、糖尿病等慢性病）往往是由长期、持续的焦虑情绪引起，可以通过放松音乐结合呼吸调整，来引导来访者加强对不适部位放松程度的觉知能力，实现放松相应躯体部位、舒缓心身症状的目标。需要注意的是，一些来访者通过放松引导，症状并不是马上得到舒缓或减轻，甚至出现酸麻胀痛等不适反应，因为肌肉、神经从以往长期焦虑、紧张、麻木的状态开始被唤醒，逐渐恢复机体本身应有的敏感度，所以出现了这些不适感觉。这是催眠放松具有的正常临床反应，疗愈师应在操作前告知来访者有这个可能，并让其理解疼痛是身体重要的预警机制，能保证其觉知"危险信号"，及时做出反应和调整，并结合其自身的以往症状来说明缺失这份觉知对生活的影响和危害。唤醒的过程，虽然短期可能会使来访者有一些难受，但长远来说，能让来访者的身体获得真正的"舒适"，并减轻、解除那些影响更大的心身症状。

（二）场景情绪营造技术

这类技术会通过特殊的组织形式，采用对事物或主、客观环境进行生动描述的功能性音乐，来营造场景、渲染氛围，激发来访者的情绪、想象力和内感知力，引领来访者沉浸于所营造的场景中，从而实现疗愈目的。

这类技术属于被动聆听类技术，其中运用的音乐可以在各种乐器、各种高低音的配合下，形成层次丰富的乐章，带有浓重的情绪色彩。它们可以生动地刻画场景当中的喜、怒、哀、乐、悲、恐、惊等情绪和情感。很多电影、舞台剧、网络游戏中运用的背景音乐，往往就属于场景描述类音乐。人们熟知的《天鹅湖》中的《四只小天鹅》《野蜂飞舞》，中国民乐中的《梁祝》等，都是这类音乐的代表作。

例如，早在20世纪40年代音乐治疗刚兴起的时候，很多科学家、医学家就推崇经典的"莫扎特音乐疗法"。最初，人们发现聆听、感受莫扎特的《D大调双钢琴奏鸣曲》（K448）时，大脑功能会得到增强，并把这种效果命名为"莫扎特效应"。随着科学技术的发展，科学家陆续研究了莫扎特音乐对心理健康、大脑发展和癫痫发作的影响，一步步证明了莫扎特音乐的治疗价值，并类推到巴赫、贝多芬等更多作曲家的交响乐。这些音乐不仅能使人的精神放松、抚平精神创伤，还能对心理疾病的治疗、胎教、学生的大脑发育、老年人身体与神经系统的保健起到明显的作用。

交响乐中高低起伏的曲调、节奏、旋律等，对人体产生不同程度的兴奋、镇静或舒缓压力的作用，并能与机体产生频率共振，让聆听者感到身心愉悦和舒爽。例如，莫扎特的《土耳其进行曲》、舒伯特的《小夜曲》、格什文的《蓝色狂想曲》……或轻快，或悠远，或静谧，每一首都带领聆听者沉浸于乐曲所创设的情绪场域中，在其中放下生活中的压力和烦恼，去放松、联想、调理身心、健脑益智。

在使用这种音乐治疗方法时，疗愈师需要先对来访者的身心状况进行评估，再根据其具体的疗愈目标来选择适当的乐曲，而非随意欣赏。有一些情况不适合采用某些乐曲，如对于高血压患者，疗愈师要谨慎使用类似贝多芬《命运交响曲》这类让人情绪激昂的乐曲。对于焦虑症患者，疗愈师只有先引导其适当放松身心，才能使其投入音乐的韵律中。

除了上述纯音乐之外，一些歌曲也经常用于场景情绪渲染中，一般在团体活动中渲染集体氛围时运用得比较多。通过让来访者聆听一段过去生活经历中特定的音乐，或者特定场景经常出现的音乐，引发其回忆过去的生活经历，使其产生联想并出现相关的情绪反应，从而被带入过去情景进行疗愈。例如，在团体暖场的环节，使用气氛热烈的《大家一起来》；在渲染亲情的环节，使用触动人心的《烛光里的妈妈》《父亲》；在互相交换礼物、表达感恩的环节，使用温暖洋溢的《你最珍贵》……这类歌曲除了在旋律上能渲染情绪外，还多了歌词对情感的表达。在选择曲目时，应选择来访者熟悉和喜欢的乐曲，以提高其兴趣和参与度。歌词的意境与聆听者心境、个人体验的切合度，决定着歌曲的适用程度。同时，正因为歌曲带有歌词，其使用人群就有所限制。聆听者的个性、年龄、文化水平、社会背景等因素都决定着其对歌曲的偏好和感受力。如同样是对朋友情谊的渲染，对“70 后”可以用田震的《干杯，朋友》，对“80 后”可以用周华健的《朋友》，对“90 后”则可能使用蔡卓妍和钟欣桐的《朋友仔》更合适。

在集体疗愈中，听完歌曲后可以组织成员进行讨论，这样可以促进成员之间的语言和情感交流，让其吸纳不同的价值观，进一步深化感受。这个过程也有助于疗愈师识别不同成员的思维和行为特点，判别是否存在异常状况，了解成员深层心理需要等。成员之间可以互相倾诉自己的往事，宣泄情感，互相支持和安抚，这也是歌曲疗愈后讨论的效益。

需要注意的是，有明确意义的歌词，也就意味着对某种事物带有疗愈师自身的价值取向。如播放歌曲《念亲恩》，代表着疗愈师要传达“亲情可贵”的价值取向。来访者的潜意识也会受到很明显的暗示和方向性诱导，这可能影响来访者自我力量的充分启动，也可能反而引起某些来访者的阻抗。疗愈师在疗愈中应尽量慎用价值指向性明显的歌曲，为来访者探索自我价值取向、启动自身力量并做出价值选择留下更多的空间。

场景情绪营造技术多用于心理创伤、神经症等的疗愈，给来访者制造沉浸式场景体验，来访者在体验中表达、宣泄情绪，重新获得力量，或形成新的应对模式。疗愈师在选择这类音乐用于疗愈时，一方面要注意选择情绪较鲜明，不容易产生歧义的音乐；另一方面，要结合来访者的年龄、心理特征做选择，因为这类音乐很多带有较明显的时代、文化色彩,如果与来访者的认知背景不相符,甚至有冲突,则很大程度上影响了音声疗愈的效果。例如,对于一个青少年学生,疗愈师要运用场景情绪类音乐带出其某方面情绪,选用一首现代的、游戏背景类音乐,效果会优于中国经典的民族音乐;但对于他们的家长,要实现同样目标,选择方向往往是相反的。

疗愈师如果需要针对少数民族的来访者进行音乐疗愈,最好事先对其民族歌曲的特点、概况有个整体了解。我国各地在漫长的历史长河里发展起了内容丰富、形式多样的民歌艺术和极具传播性的戏曲艺术。劳动人民在劳动、生活中发展起来的民歌源于生活、高于生活,主要用于民众娱乐的戏曲艺术也带着我国民族多样性及浓郁的地域特色,所以形成了千变万化的艺术风格,经过千百年的发展变迁,至今已形成完整的艺术体系,成为我国传统音乐治疗的又一个宝藏。

我国幅员辽阔,各地的民歌特色各异。有汉族的西北地区的"信天游"、沪剧里的"四句头山歌"、青海汉族的"四季歌"等,还有藏族的古老歌舞形式"谐体民歌"、蒙古族具有鲜明游牧文化特征的"长调"、壮族的"排歌"、白族的"山花体"、回族的"花儿"、苗族的"飞歌"、侗族的"大歌""小歌"、布依族的"盘歌"、瑶族的"赛花柄"……

我国各地区的戏曲剧种有360多种,传统剧目数以万计。而在其中,京剧、越剧、黄梅戏、评剧、豫剧被称为中国五大戏曲剧种。不同剧种之间的区别,主要是演唱腔调的不同。戏曲中的语音与音乐所呈现的艺术特征是区分各剧种的重要标志,声腔系统是各剧种分类的主要系数,可分为昆腔系、皮黄腔系、梆子腔系、高腔系近代四大声腔剧种和各地方戏剧等。

另外,疗愈师还可以结合民歌、戏剧中的场景和要素设计一些疗愈创伤的环节,但必须选用适合的音乐素材。

拓展阅读

各地民族音乐特色和运用参考

就风格而言,苗族民歌甜美奔放,瑶族民歌古朴浑厚,藏族民歌舒展高昂,傣族民歌秀美恬淡,鄂伦春族民歌阳刚健朗,蒙古族民歌宽广悠扬。同样是西北地区的"花儿",保安族和东乡族的韵味各个不同,宁夏和青海的"花儿"也风格迥异。同是汉族民歌,北方的以粗犷豪放见长,南方的则比较清丽婉转。其中,情歌往往更多地被作为婚恋创伤的歌曲治疗常用素材。

在浩如烟海的民歌之林,按照题材来分,民歌可以分为劳动歌、时政歌、仪式歌、情歌、儿歌、生活歌6类,但对于音乐治疗的歌曲技术而言,并不是所有类型的民歌都可用于音乐治疗。具体的曲目要根据治疗目标来确定。

针对躯体疾病的治疗,主要是通过歌曲演唱过程中的呼吸练习来达到祛病健身的目的,也可能通过演唱歌曲过程中的情绪疏导来达到疗愈某些心身疾病的治疗目标。这样一来,歌曲作品、音乐旋律的呼吸特点及情绪类型,就成为音乐治疗师首要考虑的问题。

例如,从作品旋律、歌唱乐句的呼吸特点来看,蒙古民歌中的长调和短调就存在很大的差异。长调演唱时,常有将一个完整乐段从低音区提到高音区再降到低音区的完整过程,其音乐主要特征是歌腔舒展,呼吸绵长,节奏自如,高亢奔放,字少腔长。长调民歌中的不少乐句都有一个长长的拖音,再加上起伏的颤音,唱起来豪放不羁,一泻千里。有时一支蒙古长调的歌曲应用好几组这样类似的旋律来演唱,对肺功能的锻炼极其充分。而蒙古民歌中的长调往往节奏活泼奔放,乐句短小精悍,节拍相对单一,歌唱过程中的呼吸也相对短促。

所以通常来说,蒙古民歌中的长调歌曲,只要在疗愈师对来访者演唱呼吸的正确引导下,可以充分锻炼肺功能,更适合肺部疾病的康复治疗。蒙古长调比较有代表性的作品,例如《辽阔的草原》《小黄马》《富饶辽阔的阿拉善》等,都是极富长调特色的经典代表。而南方的少数民族民歌中也有类似的作品,例如云南白族民歌《小河淌水》、彝族民歌《过山调》,等等。

——张刃《音乐治疗》

(三)音乐冥想技术

"冥想"最早来自印度瑜伽修炼和佛教禅修中,可以说是一种把心、意、灵完全专注在原始之初之中,实现入定的一种古老东方的修行方式。在瑜伽修行里,其最终目的在于把人引导到解脱的境界,实现"明心见性"。

在充满压力和焦虑情绪的现代社会,冥想已经得到了广泛的发展和应用,不再局限于修行。越来越多长期紧张、身心疲惫甚至神经麻木的人开始通过练习冥想,来与自己的心(内在意识)重新建立连接。冥想练习者需要在放松的基础上,专注于内在某些意象进行观想,可以是自己的身体部位,也可以是外在某个真实或虚幻的事物,如梦中的仙境、平静的湖面等,从而达到更深度放松、调节情绪、提升灵性意识等作用。

很多瑜伽修行者、佛教高僧在冥想中可以做到很多平时不能做的事情或者有很多灵动的想法。为什么呢?现代科学家经过临床研究发现,人们在冥想之后,心率、呼吸频率、血压、耗氧量、二氧化碳制造量、血清乳酸水平等都降低了,人体的新陈代谢速度明显变慢,衰老延缓。因为冥想是需要静坐的,要求练习者注意力高度集中于内在,这可以让大脑的注意力合理分配,生活中专注力提高,工作效率也得到提升。还有些研究者发现,特定的冥想对人的免疫系统能产生积极的影响,如通过与癌细胞对抗、斗争的冥想,来辅助癌症患者进行康复治疗,并取得了喜人的效果。

还有人发现,长期练习冥想的人,大脑里面积极、正面情感的成分要比正常人更活跃,这就意味着冥想可以让练习者情绪状态得到改善,对事物的感知也会变得积极起来,对周围世界的善意增加。

传统的修行者练习冥想,大多在静坐或躺卧状态下调整呼吸,让肌肉放松,然后在意象内观过程中逐渐进入忘我或无我的潜意识状态,也可看作一种自我催眠,这个过程一般是没有音乐配合的。这对练习者的专注力、想象力要求比较高,很多浮躁不安的现代人比较难做到。对于现代人,音乐就是一个很重要的辅助手段,音乐可以辅助练习者更易于进入冥想状态,这就是音乐冥想技术。

音乐冥想技术一般需要几种类型音乐配合运用,如放松类音乐可以帮助来访者进入身心放松状态并专注于躯体感觉;营造某些场景、情绪状态的音乐给予来访者环境和情绪暗示,引领和诱导其进入特定的场景和情绪体验中。

有的疗愈师会利用音乐冥想，引导来访者进行某些“积极场景”的想象，或者称为“正念冥想”。例如，想象自己是自由的小鸟，感受自由自在飞翔的感觉；或者想象自己去到了一个“安全岛”，在冥想世界中给自己营造一个最舒适、最安全的心理环境，可以隔离一切攻击和伤害。

但笔者认为，真正能最有效激发来访者生命力、自主性的冥想，是不给任何疗愈师认为“对”的暗示，不营造任何场景，而是更多地引导来访者自主做开放式探索的冥想。这样的冥想里没有任何刻意的意象引导，更多的是选用让来访者充分放松、进入状态的音乐，或者在过程中根据来访者自己描述的场景马上配乐，如来访者说自己来到了小溪旁，疗愈师就马上配上溪水的声音。这样的开放式冥想可以充分利用、调动来访者自己的主观能动性，让其潜意识感到充分的尊重、真正的自由和接纳。在这个过程中，疗愈师貌似需要进行的引导、干预少了，更轻松了，但其实是更加考验疗愈师自身的灵活性及其随时根据来访者的需要来运用音乐元素的能力；也由于减少了对疗愈中各元素的控制，把掌控权交给来访者，这对疗愈师内在的自信、开放、接纳、包容度提出了更高的要求。

需要注意的是，由于冥想本身是宗教里的修行方式，有的人会对此存在偏见，觉得有迷信色彩，所以影响了冥想时的投入度。另外，由于冥想大都是来访者的内在意识活动，对于本身有一定妄想倾向或因某些场景因素形成了心理创伤的来访者来说，会有一定的失控危险，古人修行时“走火入魔”就是这样的例子。所以疗愈师要对来访者的心理状态进行充分评估之后，在保证安全的条件下才能使用音乐冥想技术，使用过程中也要注意深入程度的把控。

（四）音乐心理剧技术

音乐心理剧是美国马利维大学音乐治疗系主任与教授约瑟夫·莫雷诺（Joesoph Moreno）通过将音乐即兴创作、音乐想象及其他音乐治疗技术与传统的心理剧相结合的一种综合治疗方法（图 2-2）。

图 2-2　音乐心理剧

这种技术从20世纪中叶开始在美国、德国等国家的心理治疗领域发展，不断创新，逐渐成了团体治疗的先锋，形成了三大理论流派，包括：主张真实反映生活，让被疗愈者与人物角色融为一体，从而为被疗愈者创造出对过去或未来的真实体验场景，使其有机会重新审视自身行为并获得心理成长的"现实主义体验派理论"；主张利用艺术方法把现实的事物变得虚拟化，被疗愈者把角色表现为陌生角色，以一种保持距离的方式去看待剧中人、事，从而截断被疗愈者与剧中角色产生情感共鸣的机会，防止某些二度心理伤害的"间离效果理论"；还有介于以上两者之间，主张打破舞台与观众之间的界限，产生现实与精神世界之间的穿越感的"质朴戏剧理论"。

无论是以上何种理论流派的音乐心理剧技术，都包含了心理疗愈、戏剧、音乐等多个相关因素，对疗愈师各方面综合素质的要求相对较高。疗愈师需要拥有一定的音乐治疗技术基础及舞台艺术的经验，并根据自身知识结构的优点及不足，不断地在临床实践中进行磨合探索，才有可能在经验积累的基础之上逐渐全面地掌握此技术，所以此技术并不适合音声疗愈的初学者使用，此处不做详细介绍。

（五）音乐律动类技术

律动和舞蹈都具有音乐治疗的功能，就是让被疗愈者在音乐的伴随下，按着音乐节奏做出各种身体姿态、动作，可以是自由舒展的、即兴表达的，也可以是规定的、设计好的；可以是简单的步伐，也可以是复杂的身体动作。由于人体就是潜意识的载体，身体的动作也就是潜意识的表达，这类型技术其实就是通过影响、改变身体的表达，促进被疗愈者通过非语言的方式表达、释放情绪，进而影响被疗愈者的潜意识，实现类似催眠的疗愈效果。同时，这类型技术往往通过团体形式进行，被疗愈者之间的互动活动有利于他们的交流和互相影响，可以释放自己潜意识并且能够达到自我表现的目的。

选择用于疗愈的音乐素材时，要根据被疗愈者的具体情况、年龄、文化背景等特点来相应选择速度、年代背景、表现类型适合的音乐。可以播放音乐的录音，也可以用钢琴等乐器演奏，一般都是选择节奏明显的音乐，便于被疗愈者参与和投入。舞蹈活动主要是身体的模仿活动，涉及位置变化、移动方式、活动范围及相互的配合等，也可以让被疗愈者进行即兴舞蹈活动，可以随着音乐节奏进行创造性的、相对自由的舞动。

这类技术也对疗愈师的音乐、舞蹈专业背景有一定的要求，同时要求疗愈师有较好的控场能力，故不太适合音声疗愈初学者使用，此处不做详细介绍。

（六）音乐以外的其他声音

人接收声音的主要器官是耳朵，一天中耳朵都像呼吸一样不停运作。听觉，是人类所有感官当中最早开放、最迟关闭的一种。自从胎儿处在母亲腹中，还没睁开眼睛，听觉就打开了。胎儿可以透过羊水的波动听到母亲的呼吸声、心跳声、谈笑声……而在大多数人呼吸停止前的最后一刻，或者在深度昏迷中，也能听到亲人的呼唤。

无论是曼妙的音乐还是大自然的各种声响、人声，都一直持续影响着人的情绪和身心健康。试想一下，当我们正在等待的时候，身边响的是鸟儿的鸣唱，我们悠然地多等一会儿，时间不知不觉就过去了；而如果身边响着汽车、机器的轰隆声，我们会感觉焦躁不安，等待的时候度日如年，多等一会儿都是煎熬。在等待的时候，听到的声音不同，我们对时间长短的感觉也会截然不同。

哈佛大学的一份研究报告对人们身处的环境声音进行了综合分类，即声音分为完全无法控制的嘈杂噪声、大自然的声音、高频的音律等。研究指出，人如果处在嘈杂的市场、路口、办公室等环境中，大概十几分钟后就会开始焦躁不安，接着便开始无法集中注意力，更有甚者会引发头痛、偏头痛等身体不适。

既然环境声音如此深刻地影响着人的身心健康，那么我们完全可以从被动接受声音，转而试着主动远离让人烦躁不安的声音，创造专门的时间、空间，主动选择适合的声音来聆听，让身心放松地接受这些和谐音波的振动滋养。当我们持续地聆听，我们的感受性、觉察力便能越来越提高，进而能从自然环境中分辨出有益声音的存在。尽量接近这些和谐的频率，让我们自己哪怕置身于嘈杂环境也能得到有益的调频。

比起音乐，音声的领域更加宽广。仔细听我们的周遭，几乎万物皆有声。叶落、草长、莺飞，以及走路、呼吸、心跳……越来越多的科学家证明，听自己喜欢的声音可以让自己的呼吸放慢、舒缓，心率变慢，血液更顺畅地流动。

在这样的理念之下，人们发展出了各种各样音乐以外的音声疗愈技术。这些音声疗愈技术有借助介质的，如古琴、箫笛、钢琴等乐器，或颂钵、水晶钵、音叉、铜锣等发声工具；也有不借助其他工具直接使用人声进行深度影响的。它们既能单独使用，也能组合使用，变化出无限的美妙体验。这类技术多属于主动参与类的疗愈技术，强调不仅让被疗愈者被动聆听，而且要让被疗愈者亲自参与奏鸣、发声、唱诵的活动。疗愈师可能会根据被疗愈者的情况和需求，综合运用多种音声手段，配合某种或多种乐器来开展干预，帮助被疗愈者放松身心，疗愈创伤，恢复健康。

(七)乐器演奏类技术

这是通过疗愈师的乐器演奏活动，结合被疗愈者的积极参与、深度共鸣，来达到疗愈目标的一类技术。被疗愈者既可以被动聆听，也可以主动参与。可以是疗愈师根据被疗愈者的情况即兴伴奏，与被疗愈者的情绪体验产生深度的共鸣，从而丰富其情感体验，助其发现更多的可能性；也可以是被疗愈者主动参与演奏活动，在演奏过程中更深地融入音乐氛围，从而通过全身心投入乐曲律动中，深度调动情绪感受性，促进大脑发展。

此类技术的有效运用，对疗愈师和被疗愈者双方的音乐专业能力都有一定的要求。特别是疗愈师不仅要掌握多种乐器的演奏技术，还要对各种乐曲的伴奏音型、旋律特点、艺术风格等有准确的把握。此类技术一般适合水平很高的音乐专业人士，不太适合在一般疗愈咨询中推广使用，故这里不做详细介绍。

前面所介绍的各种技术，基本上是通过让被疗愈者被动地倾听有条理、有组织的振动(音乐)来实现疗愈目标，是以往最普遍使用的用声音来改善身心状态的方式。综上所述，音乐的疗愈效果体现在以下几个方面：陶冶情操、放松减压；激活大脑，带动情绪；激发身体的律动；制造沉浸式心理体验。

时至今日，人们已经不仅仅满足于以上的效果，发展出了更丰富、更直达灵性层面的音声技术来实现更深层的疗愈目标，现介绍如下。

(八)乐器奏鸣类技术

乐器奏鸣类技术是通过奏鸣某一种或多种乐器的声音，制造相应的声波振动，对心身进行调理,从而实现疗愈效果的一类技术。该技术可以是疗愈师操作,让被疗愈者被动聆听、感受声音振动,也可以是被疗愈者主动参与奏鸣,即让被疗愈者成为音声的创造者,而不只是聆听者。疗愈的素材可以是音乐,也可以是非音乐形式的乐器声音。

这里使用"奏鸣"一词,主要是区别于音乐表演中的乐器"演奏"。在疗愈中,我们所强调的不是用乐器奏出多么美妙的乐曲,目的不是"表演"。主要的疗愈效果并非来自音乐旋律的影响,而是来自乐器振动所产生的声音及乐器与人之间的关系。乐器作为表达心理感受和感知团体关系的工具,都会存在乐器与操作者之间相互融合的过程,如果乐器的操作不能与操作者的心理感受充分融为一体,奏鸣活动就很难起到疗愈的效果。

在这类技术中,被疗愈者通过即兴的创造性音声活动,情绪和思维的活跃性被触发,神经系统更容易从抑制状态转为兴奋状态,自我价值感、存在感都能得到很好的提升。

1. 奥尔夫即兴音乐疗法　这类技术中最早被广泛应用于疗愈并得到系统理论发展的一种,是在奥尔夫音乐教育体系的基础上建立的奥尔夫即兴音乐疗法。

在20世纪中叶,德国作曲家、音乐教育家卡尔·奥尔夫(Carl Orf,1895—1982年)创立了一套独特的综合性奥尔夫音乐教学法——将各种各样奥尔夫系列乐器演奏,融合律动、舞蹈、语言、唱歌、绘画、戏剧表演等元素,不仅让幼儿学习音乐,培养其音乐能力,而且开发促进幼儿语言能力、行为模仿能力、想象力、创造力等多方面发展的教学方法。

1969年,美国南加利福尼亚大学艾尔斯博士提出了感觉统合理论,指出可以通过感觉统合训练来促进儿童智力发展。于是,感觉统合理论体系与奥尔夫音乐教育体系逐渐有机融合,形成了奥尔夫即兴音乐疗法。

后来,随着各专业音乐治疗不同技术流派的补充与完善,在20世纪70年代的美国,该疗法已经广泛应用于多个领域,包括儿童孤独症、儿童学习能力障碍(感觉统合失调症)、智障人群、精神残疾人群等的临床治疗。奥尔夫即兴音乐疗法广泛应用于儿童学习障碍及情绪障碍的行为治疗、青少年人格塑造、老年人及精神病患者康复的辅助性治疗。

该疗法中使用的奥尔夫乐器种类,绝大多数不是常规专业表演演奏的乐器,而是比较容易上手的打击乐器或散响类节奏型乐器,这给治疗工作的开展提供了极大的便利。奥尔夫乐器分为无固定音高而起节奏作用的散响类打击乐器,以及有固定音高、能奏出旋律的普通乐器两大类。前者有单响/双响筒、木棒、沙锤、打箱等打击乐器,以及三角铁、碰铃等金属类乐器;后者有木琴、钢片琴、钟琴等乐器。二者的共同特点就是演奏难度非常低,上手便用,一般都无须经过专门培训便能即兴使用。

在奥尔夫即兴音乐治疗中,疗愈师可以通过为被疗愈者(对象以儿童为多)设计一些简单的音乐游戏,如《你好歌》,让他们在简单的旋律中通过唱词、拍手、拥抱等方式与同伴进行交流互动;也可以让他们选择自己感兴趣的奥尔夫乐器进行简单的合奏或者自己创作,在这一系列活动中培养他们的社会交往能力、语言交流能力,让他们释放自我,同时也体会到成功感。

除了奥尔夫即兴音乐疗法外,疗愈师还常把鼓、颂钵、铜锣、箫笛、音叉等乐器用到疗愈中。这些乐器与电子式的乐器有着很不一样的特点:它们在人类历史中,已经被使用了几千年，是人类文化、传统仪式里重要的组成部分。在不同地区、不同民族中，这些乐器不但在宫廷音乐、战争里被使用，在平民百姓狩猎、农耕、打鱼或闲暇之余的活动中亦被使用，甚至也是各种祭祀、庆典仪式、巫术（当时的医术）的重要组成部分。只是在当时，人们都是通过经验积累、世代传承来运用它们，并无什么科学研究、探测，未了解其背后的运作原理。

尽管如此，同类型的乐器在不同的文化传承中又都有相通的效用——木质的乐器声音温婉，适合抒发情感，牵动人们悲伤的情感和回忆，在中国有箫和笛，在南美热带雨林有雨棍；鼓类的乐器有振奋人心之效，多用于战争和激昂的舞蹈，世界各地的原始部落都有不同特色的鼓；金属类的乐器声音正大光明，常用于华贵富丽的宫廷音乐或祈福、庆典活动上，如铜锣、大钟等。可见，乐器的疗愈功效能跨越国界、跨越文化，它们对身、心、灵的深刻影响作用是不可替代的。

虽然从古至今地球上古老民族或部落的智者都窥见了声音的秘密，但随着人们生活的富足和现代科学的发展，这些古老的乐器逐渐被现代的电子音乐、潮流文化代替；音声振动实现疗愈，深层影响身、心、灵的理念也尚未完全被现代科学证实，甚至被主流科学界认为有迷信成分，所以这类音声疗愈技术并未得到快速推广和全面发展。

随着现代科学的进步和科学家不懈的研究，越来越多的证据证明了这些音声对人体的调频作用，确认了这些古老而纯粹的音声真的可以实现深层的疗愈。音声疗愈的素材领域越来越丰富，吸引了越来越多的人开始关注、体验、见证这些古老而有效的音声疗愈技术！

科学家还发现，人在不同意识状态下有着不同频率波形的脑电波，相应地，不同频率的声音也能反过来影响及调节脑电波，进而改变人的意识状态、呼吸频率、心率、血压，甚至血糖等亦会发生变化。当我们用这些乐器奏鸣出适合的频率进行诱导，我们的身心也会与它们产生和谐的同步振动。不同频率的声音的作用如下。

285 Hz——指示细胞及组织疗愈，让身体觉得被更新。

396 Hz——释放愧疚和恐惧，让振动频率更好的情绪出现。

417 Hz——消除令人感到挑战的情况。

528 Hz——据说可疗愈 DNA，修复细胞，并使意识觉醒。

639 Hz——这是与心有关的振动频率，使人产生爱自己及爱他人的感觉，从而消除差别。如果要平衡关系，听听这个频率吧。

741 Hz——据说可以清洁并疗愈暴露在电磁波中的细胞；也有助于人们建立信心与能力，去实现其所希望的事。

852 Hz——使直觉觉醒。

963 Hz——刺激松果体并调整身体到最佳、最初始的状态。

人们还根据这些振动频率，针对性地开发了一些具有特定振频的乐器，通过精准制造出的频率对应身体的特定部位来演奏，从而实现更有针对性的疗愈效果，推动音声疗愈技术越来越规范化、系统化发展。

在这类音声疗愈技术中，声音（振动）本身就是“药”，疗愈作用在“奏”乐器，让其“鸣”的过程中，调频、疗愈的效果就实现了。这些专门用于疗愈的古老乐器的声音，往往不需要、也很难谱写成有旋律的音乐，但它们都能产生“泛音”，这个重要的质感是电子合成音乐无法实现、无可比拟的，也是其产生疗愈效果的重要因素！

什么是“泛音”呢？就是当敲击、奏鸣一下乐器，它的振动频率发出一个音之后，马上会转成另一个音，再转成另外一个音……直至声音逐渐停止，让人产生悠扬偏远的感觉。由于这些不同频率的音声转换的间隔很短、很快，人们有时候会觉得好像是很多声音交叠在一起，或者是一个音波点在另一个音波上持续作用，一层一层地堆叠，让身处其中的被疗愈者更加感受到置身声音的海洋之中，在声波中畅游、浮沉，身心放松。

2. 颂钵疗愈与铜锣浴音疗　这类疗愈技术最常用的有颂钵和铜锣，下面对它们的疗愈运用技术做简要介绍。

（1）颂钵疗愈：颂钵疗愈在国内推广的时间不长，但其实颂钵起源于古老的西藏、尼泊尔地区，是流传上千年的古老器皿。古人用喜马拉雅山上采集下来的矿石提炼出铜，打制成钵，用于盛载、保存食物。后来人们发现日常作为食器的钵，有很多在被敲击的时候都可以发出奇妙的声音，这种声音安静悠远，使人可以很快进入一种深度的冥想状态。很多西方人惊叹于这些古老的铜钵惊人的音色，将其命名为西藏颂钵（图 2-3）。

图 2-3　颂钵

后来更有人把这些颂钵带到西方，对它们的声音用专业的测音仪器进行测试、研究，得出一个惊人的结论：这些钵体每一个都会发出不同的声音和不同的振动频率，而且这些振动的频率又特别稳定。取一个钵，无论用力敲还是轻轻敲，白天敲还是晚上敲，它们的振动频率都不会改变。也就是说，颂钵发出的振动频率是非常稳定和强大的，它从来不会因为外在的因素而改变。于是，疗愈师就想用这种稳定而强大的频率来影响人体自身不稳定的小的频率，开始通过颂钵给那些有情绪问题的人做睡眠和身体的调理，发现效果出奇的好。很多人都因为颂钵的出现，身体睡眠和情绪得到了修复。进而，疗愈师通过专业的测音仪器测试出对应人体不同脏器和脉轮振动频率的颂钵来专门用于相应的疗愈。从那之后，颂钵就从一种生活用具演变成了一种可以调节人睡眠、情绪包括身体的一种音声疗愈工具，并逐步得到推广。

打个比方：人体心轮健康的频率是 100 Hz，当它受到情绪影响，这个频率就会出现变化。就像血压一样，血压正常值在（90～120）mmHg/（60～90）mmHg（1 mmHg≈0.133 kPa），如果收缩压超过 180 mmHg，时间久了人就会出问题，如果低于 60 mmHg，也会出问题。当脉轮的频率长时间偏离正常值的时候，慢慢地人就会出现疾病。例如心轮振动的频率如果持续太高，就会形成焦虑症，持续太低，就会形成抑郁症。

那么，疗愈师可以使用一个振动频率刚好是 100 Hz 的颂钵，当情绪波动频率不稳定，太高或太低的时候，用这个颂钵放在被疗愈者的心轮位置持续敲击，它稳定而强大的频率就会逐渐带动心轮形成共振，心轮的振动频率自然就会逐渐恢复到健康水平 100 Hz。颂钵疗愈就是通过这样的过程，调整人体 7 个能量中心的频率，帮助人体维持在一个平衡和健康的状态。而且，颂钵通过这种声波共振的强大能量，与身体内分子产生奇妙的共振，形成涟漪震动式的按摩，可以调整、净化、激发身体的能量流动，放松身心，调整睡眠，激活生命力，唤醒细胞，焕发生命能量，改善心灵的亚健康，达到全面深层疗愈身心的效果。

颂钵振动在影响人体的同时，也影响着周遭环境。例如，疗愈师会用不同振动频率的颂钵围绕被疗愈者的身体，根据疗愈目标先后发出不同的声音，让这些声音充斥、回荡于整个空间，带动整个空间能量的共振，从而起到净化空间能量、磁场的作用，为人体的疗愈营造更有利的环境（图 2-4）。

图 2-4　颂钵疗愈

（2）铜锣浴音疗：铜锣是东南亚最古老而且最重要的乐器。根据史料记载，早在我国北魏宣武帝时期，铜锣就出现在如今西藏和缅甸之间的地区。史学家研究发现，铜锣在东亚 4 个地区流传最广：中国、缅甸、安南（现在的越南中部）和爪哇。在这些地区有至少 7 种不同形式和声音的锣先后出现。在有些地区，锣一直是人们生活中很重要的元素，被认为是财富、身份、地位的象征。在某些宗教仪式中，锣被作为招魂驱魔之用。人们认为只要接触铜锣就能带给人好运和力量。直到现今，铜锣在亚洲某些地区的仪式中仍然扮演着殊胜的角色。

铜锣一般由多种金属的合金制成，其中有一种特殊的材质叫作镍银，当敲击铜锣时的音色，犹如一群不同声音的天使在合唱，有一波接一波震荡往外的泛音。当敲击结束一段时间后，它仍然会持续发出一波波不同频率的层次丰富的声波。铜锣的泛音变化多而长，如直径为 50.8 cm 的小铜锣，敲击后泛音能持续 20 秒以上；而 101.6 cm 的铜锣，敲击后的泛音能持续约 1 分钟。

铜锣的体积一般比较大，所以发出的振动更长更久，对人体的共振效果也更持续、深层，可以深入细胞内的分子层面。在同一个空间内，铜锣的音波几乎可以清楚地让每个人听到、身体感受到（图 2–5）。

图 2–5 铜锣浴

在进行铜锣浴疗愈时，疗愈师会让被疗愈者以舒适而放松的姿势平躺着，引导其放松地、静静地聆听铜锣的声音，同时进行铜锣冥想，让锣声的能量渗透全身细胞，开启神经系统，净化身、心、灵并补充能量，进入冥想境界，全身心地沐浴在铜锣妙音之中，所以人们将其形象地称为"铜锣浴"。这时候，被疗愈者往往能摆脱意识的控制，逐渐放下、转化原本的抑郁、压力及混乱，从而整个人重振、整合，恢复活力，获得祥和。这不仅是独一无二的声音体验，更是震撼内心的深层疗愈。

上面介绍的颂钵和铜锣属于音疗家族的两个最重要成员，它们在疗愈中各有特色。①颂钵体积小、方便携带，虽然泛音长度较短，一般需要靠近身体来敲击或者需要在非常安静的空间敲击，但它可以手持操作，也可以放在身上敲击，它的音波可以不通过空气传播而直接进入被疗愈者的体内，实现深层音波共振按摩之效。另外，铜钵价格较低，音色清澈、悠扬，能突显环境的静谧，长期使用是都市人静心、舒压的好工具。②铜锣则体积较大、价格较高，比较笨重，不方便随身携带；优点是泛音足够长且持久，对人体的共振作用较大，对环境的整体影响、深层净化具有特殊的效果。这两者可以互补长短、相辅相成，在疗愈中结合使用。

总的来说，乐器鸣奏类技术的操作方式主要是：①通过特别设计的方式放大乐器振动的声音，让人体吸收；②以围绕人体的乐器发声，让人体吸收它们的声波，促进产生谐振；③分析人体各个能量中心（三脉七轮）的频率，让人倾听、吸收相应的声音（振动）；④可以是一对一的个体疗愈，也可以是一对多的团体疗愈。

在进行这些乐器的音声疗愈时，疗愈师一般要先导入说明，讲解其实现疗愈的原理，让被疗愈者熟悉乐器，从而建立信任关系和疗愈信心。然后疗愈师通过以上方式之一，对学员进行音声的影响，以实现疗愈效果；或者让被疗愈者用乐器进行自由表达，在表达的过程中让其情绪得到流动、表达、宣泄，最终实现内在的平静和疗愈。最后，还可以让被疗愈者表达和反馈在前述疗愈过程中的内在感受。例如，在个体疗愈中，疗愈师与被疗愈者互动讨论，进行反馈、引导和总结；在团体疗愈中，疗愈师则是组织团体成员进行集体交流和讨论，利用团体的力量让每位成员的疗愈效果进一步泛化到生活中，产生更深远的影响。

3. 其他乐器　除了颂钵和铜锣之外，疗愈师经常使用的乐器还有各种鼓、天然海螺，或者结合风铃、音叉、雨棍等古老乐器及水晶进行“全频率音声疗愈”，让它们的声音（振动）共同作用来实现疗愈，这里不做一一介绍。

采用此类技术进行疗愈时需要注意以下几点。①使用这类技术时，并不需要被疗愈者本身经过音乐训练，亦不要求其具有专业的音乐感受、鉴赏能力，所有未经过音乐专业训练的人都可以参与其中并获得疗愈效果。甚至没有经过专业训练的人更容易不带“偏见”地放松感受乐器的音声，从而得到更好的疗愈效果。②乐器奏鸣类技术与催眠技术一样，都要先弱化被疗愈者的大脑自主意识，也就是其理性思考功能，这样潜意识才能活化，其身体的振频得到调谐，神奇的疗愈就会发生。③有些音声疗愈方法刺激比较强烈，不一定适合不同身心状况的来访者，故疗愈前疗愈师要仔细评估被疗愈者情况，制定合适的疗愈目标。有些来访者不一定接受、理解这些方法起效的原理，疗愈师也要向其进行介绍，让其放下偏见和误解，从而放松、享受音疗过程。

（九）人声疗愈类技术

咏唱的疗愈体系运用母音的声音来改变身体每个分子与细胞的波动。

——莉亚·佳非《声音医学》

在所有音声疗愈的方式中，通过人本身的声音进行疗愈，是最直达、最高效的，但也是对被疗愈者自身参与度、个体投入度要求最高的一种方式。这一类技术可以是通过倾听人声的独特谐音唱诵、合唱，也可以是通过自己发声唱诵、吟诵来实现疗愈效果。

从远古部落里的各种仪式，到天主教、佛教、道教等各种宗教里的诵经，再到现代社会人们用来减压的卡拉 OK、修炼瑜伽的唱诵，都是不同程度地运用人声进行疗愈。人们通过这些发声的方式来宣泄情绪、联络感情、表达愿望，甚至连接天地、呼唤神灵。无论在东方还是西方的宗教活动中，都有僧侣用他们纯洁神圣的声音创造“圣音”的仪式，这些仪式不仅是宗教信仰、精神的寄托，还是各地区文化的重要一环，也是最源远流长的、最朴素的人声疗愈技术。他们在歌颂或吟诵时心中都怀着一致的信仰。因为他们坚信，这样以团体发音结合统一意识的方式，可以创造出“形态音场共鸣”，引起深层次的共振，不仅影响唱诵者和周围的人们，而且会影响周围环境的意识，让周围得到调整。这就像我们把一个小石子投入平静的湖面时，石子创造出来的涟漪与水波会逐渐扩散，影响范围不断变大，直至触到湖水最远处。

在西藏，有一种不可思议的古代宗教流传至今的“单声合音”发声技巧：当地僧侣吟诵的时候，所唱出的基础音调异常低沉，比意大利歌剧中的男低音还要低得多，听起来丝毫不像人类发出的声音，就像野生动物的嚎叫。但是除了这样的超低音之外，还有其他的音调，就像合唱团一样，有着多层次的泛音，但其实就是一个人发出来的声音，一般人无法模仿，甚至无法想象。这是一种神秘的具有神奇疗愈价值的发声技巧，但西藏僧侣对这个技巧及单声合音的目的相当保密，这对他们而言是相当神圣的工具，因此不能与未经启蒙的人分享。西藏僧侣相信，在创造单声合音时，僧侣并未“制造”这个声音。相反的，他们成为工具或媒介，通过他们，神圣的声音得以显现。这是藏传佛教有关神圣声音的基本原则之一。他们所创造的谐音，是来自他们与神圣声音的合二为一。

有些地方，有一种很独特的喉音泛音唱法，以粗犷、极低的喉部发音唱法唱出难以模仿的独特泛音。呼麦歌者能同时唱出两个音高不同的声音，其中之一是鼻腔发出的嗡嗡声，其高音相对稳定，并且呼应着基因；另外一个音则是尖锐犹如哨子般的声音，构成一个高过嗡嗡声的旋律，有的歌者唱出的这个高音部分甚至可以接近超音波的频率。其效果有点像单簧口琴发出的声音，犹如大地的呼唤，会让人产生仿佛置身于另一个空间的精神恍惚感。这是当地牧民游走于草原之上、天地之间，通过模仿大自然的声响，与大自然融为一体、和谐共融的古老方法。

在远古时代，巫士是能够进入另一个意识状态，借以连接天地间超自然力量并运用它们获得知识和力量来帮助其他人的人。所以，巫士就是当时的医生，巫士活动就是人类最早出现的疗愈形式。在巫士活动中，巫士往往就是通过音声作为与圣灵沟通的工具，也就是通过这些特殊的音声振动与天地连接。不过，这种巫士活动即与天地连接的活动的相关知识，一直都秘密隐藏于宗教传承里，一般未经教义启蒙的人不能去学习、感受它们的神秘之处。不过有一些人通过深入的研究，把一些宗教以外的发声技巧进行了规范传播，使用到疗愈之中。

（十）六字诀吐纳养生疗法

我国古代中医的六字诀吐纳养生疗法，就是汇聚了我国古人智慧的人声调理养生的一套系统方法。

在南北朝时期，陶弘景在《养性延命录》一书中就曾经说道：“凡行气，以鼻纳气，以口吐气，微而行之名曰长息。纳气有一，吐气有六。纳气一者谓吸也，吐气六者谓吹、呼、嘻、呵、嘘、呬，皆为长息吐气之法。时寒可吹，时温可呼，委曲治病，吹以去风，呼以去热，嘻以去烦，呵以下气，嘘以散滞，呬以解极。”这就是最早记载的六字诀吐纳养生疗法。

唐代名医孙思邈按五行相生之顺序，配合四时之季节，编写了卫生歌，终于奠定了六字诀治病之基础。他所著的《千金要方》有歌云：春嘘明目夏呵心，秋呬冬吹肺肾宁。四季常呼脾化食，三焦嘻出热难停。发宜常梳气宜敛，齿宜数叩津宜咽。子欲不死修昆仑，双手摩擦常在面。”总的来说，它是按照阴阳五行六字歌诀，分别按照心、肝、脾、肺、肾五脏与三焦及所属经络之不同病症，运用“嘘、呵、呼、呬、吹、嘻”六字，辨证防治疾病。六字歌诀调理脏腑的机制主要是通过读字音改变人的口形和气息，用不同的口形呼气，产生不同的气息和力量，影响不同的脏腑，使相应的经络和气血发生变化，以此作为治疗疾病的一种方法。

具体做法：口呼鼻吸，呼气时读字，但不能发出声音。呼气要尽量平稳而绵长，呼到无气可呼时为止，然后闭口，以鼻吸气，反复操作。练习时，练习者首先要明确是要调理五脏六腑中的哪个脏腑，根据歌诀选取应练的口诀，然后挑选安静的地方加以练习，并配合意念，关注自身相应的区域。“呵”气注意心区，“呼”气注意胃区，“呬”气注意肺区，“吹”气注意肾区，“嘻”气注意命门。

练习不同的音还需要配合相应的动作以达到最佳练习效果:"嘘"气时要睁开眼睛;"呬"气时双手向上托举,吸气时举手,呼气时双手落下,"呵"气也是一样;"吹"气抱膝,腰肾用力,以抱膝不动为宜,呼吸毕起立;"呼"气撮口面微向上吐气;"嘻"气最好用卧式,让全身肌肉放松。

例如,肾病者,请选用"吹"字;如果是心火过于旺盛,应该采用泻法,先呼后吸,呼气时应张开口唇,舌尖轻抵舌头根部,同时由丹田(肚脐上下左右巴掌大的一块地)默念"呵"字(但不要念出声),当嘴不能再呼时,即迅速用鼻吸气,吸气长度约为呼气的1/3,一呼一吸为1次,此种动作不超过6次。

三、人声疗愈的练习要点

到了近现代,众多音声疗愈大师通过深入了解、学习古往今来的这些神秘的人声疗愈技巧,提取它们的重要共性,总结出适合人们用于改善身心健康的各种发声疗愈技术,形成了多个技术体系。这些体系都以不同方式运用了人声谐音来与大脑、身体能量中心(脉轮)产生共鸣,从而实现疗愈目标,只是在一些操作细节或者系统程度上有所区别。下面介绍一下音声疗愈练习的要点。

(一)练习的动作准备

发声本身就是一种动作,无论是自然流露的情感声音(如恸哭、大笑、呻吟等),还是说话、唱歌等,我们都会很自然地通过身体做出不同的动作来促使声音更顺畅地表达。同样的,当我们需要通过发声来疗愈身心时,也可以通过身体动作和姿势帮助声音的产出。

适合的动作和姿势能让人更用心地投入发声中,在方向上更坚定,在力度上更加强,也让发声练习更仪式化,增加了情感的投入和意念的灌注。人的身体放松有助于声带、舌头、嘴唇等发声器官松弛下来,增加声音的自然张力,很多声音是肌肉不达到一定程度的放松就无法发出来的。

不同的理论体系在发音姿势上也有一些差异,不一而论,但也存在着共识——在发声练习时,人一开始坐在椅子上或地板上,脊椎要挺直。这是很重要的共识,因为脊椎挺直时人比较容易做更深沉的呼吸,气息可以在身体内更畅通地运行。也有研究者相信,这样人能更好地与其他身体及本体的系统连接、组合。在进行一些特定的音调或吟诵时,疗愈师可以指导被疗愈者做出与声音相结合的对应动作,不同的声音有不同的辅助动作,这里就不一一介绍。当然,我们也可以允许练习者自行发展出其直觉上最自然、舒适的动作或姿势,因为那很可能是最适合其个体情况的。

(二)发声中的观想——意念灌注

观想可以用来将能量引流到所需之处,决定着声音背后的能量。国际音疗大师乔纳森·高曼(Jonathan Goldman)很强调意念灌注在音声疗愈中的重要性,他提出了"频率+意念=疗愈"的公式。也就是指,要创造有共鸣的音声疗愈,达到音声的疗愈效果,除了要找到身体各部位相应的频率,通过声波振频施加相应的刺激的同时,还需要倾听或歌唱、吟诵者在音声中投入(灌注)适当的意念,适合的频率和适当的意念同样重要!虽然意念还不是现在科学能测定的东西，很多科学家、医学界人士还不能理解和接受，但中国有一句俗语“信则有，不信则无”，这个“信”其实就是前面所说的“意念”。我们可以从很多实例看到，做同样一件事，带着信念甚至信仰去做，与不带任何内在信念、意图的单纯受指令去做的效果是完全不同的。

比起任何乐器或者仪器，人在咏唱的过程中更能聚焦并投射出意念的能量。在人声疗愈中，人运用自己的声音作用于自己或者他人身上，会马上专注于当下，所以此时灌注意图更具操作性。声音可作为一个外在指标，显示人和当下融合的程度，在疗愈师的指引和带领下，把意念更好地灌注到人的声音之中。人在宗教仪式活动中，因为信众们有信仰，心中有坚定的信念，在音声中投入意念是很自然的事，但在疗愈工作中，怀着对身心健康的向往来进行音声疗愈的被疗愈者，则不那么容易在音声中投入深沉的有助于疗愈的意念，故疗愈师的引导、带领尤为重要。

在做发声练习时，人可以带着觉察力专注于内在，可以通过降低发声的音量，让它只在脑海里重复低回，哪怕是声带已经停止振动，人仍然可以继续感受声音振动的存在，跟随着它，就好像它成了人身体的一部分。除此以外，应尽量保持静默。反复进行这样的练习，会让人的听觉、身体感觉更加敏感、细腻。

在发声练习的过程中，疗愈师会指导被疗愈者结合适当的身体姿势发出相应的音节（就如宗教修行里面的咒语、梵音），发声时需要把专注力放在适当的身体部位进行观想。观想时，脑海中可能会闪现一些念头和视觉上的影像、颜色等。此时，人无须抗拒、抵触，只要把专注力收回，继续放在内在对音声引起身体部位的振动感觉上，就可以与这些念头、影像或颜色保持距离，受到的影响较小。音声练习中的冥想不需要一直保持发声，也不需要一直保持静默。发声需要身体、肌肉、气息的主动控制，保持意念灌注，就需要大脑意识的深层放松和内在专注。有的人一直保持静默会感到不舒服，容易分心走神，便与内在的自我“断了线”；也有的人持续静默更能深入不动的状态之中，与自己真实的自我深入接触。所以，要在这种冥想状态上保持多久，每个人可以由自己决定，跟着自己的感觉走。人内在的感受、经历只有自己最清楚，人可以在这两者之间找到让自己最舒适的平衡，也可以允许自己在练习中偶尔停下来，静息一会儿，去回顾前面的内在经历，及时对练习做出适当的调整。

（三）呼吸练习

上面谈到了意念灌注对实现疗愈效果的重要性，那么，意念从何而来呢？意念是在人开始咏唱前在心灵中通过呼吸来创造的。

没有呼吸就没有声音。对人用自己的声音所进行的疗愈而言，呼吸更是关键。许多传统观念认为，呼吸中内含的生命能量是神圣的。这种生命能量在印度教中被称为“普拉纳（prana）”；在东方被称为“气”；在希伯来文中，呼吸被称为“ruach”，是“灵”的同义字。呼吸是生命的本质，没有呼吸就没有生命。

在日常生活中，多数人的呼吸都比较浅而无力，这往往是日常压力带来的焦虑造成的。这种焦虑会让人的胸腔受到压迫，吸入的空气量减少，这就是我们的祖先应对压力所留下的本能反应，人自己往往无法觉察这种压力反应。唱歌或吟诵时的呼吸与日常生活说话的呼吸是完全不同的，在长短、高低、强弱不同的音律、音调和乐句当中，人只有对自身气息有精密的控制，才能在一定的节奏中保持气息平稳。只要能深度放松自己，就能有较深且有力的呼吸，这是发出具有疗愈价值声音的前提。

在人声疗愈中，通过呼吸来灌注意念的一种方法是屏息。屏息是在空气吸入肺部并等待呼气的静止点，这是整个呼吸过程中练习者与自己实现谐振共鸣的一点，这是能量最集中聚焦的时刻，也是意念最强大的时刻。试试看，吸一口气，停住，然后将气吐出，看看自己能否感觉这个静止点。在这个过程中，你的内在有什么感觉？

在这一刻，身体创造出一种每秒 7.8 次循环的波动形式。人们相信，这个频率就是地球的共鸣频率(7.83 Hz，被德国物理学家舒曼发现，并被命名为舒曼共振)。而在这一刻，无论为时多么短暂，人也会与地球的能量达成共鸣。所以，在正式开始咏唱之前，疗愈师需要引导被疗愈者结合呼吸来灌注意念——吸气时创造内在意象，然后屏息时深入观想，最后呼气达至进一步放松，全程专注于身体感受。呼吸时最好采取鼻吸口呼的方式进行腹式呼吸，那样才能让呼吸深入横膈膜，让人可以从呼吸中得到更深层的能量滋养。

（四）用声音活化脉轮，从而实现疗愈

人体中线上分布着 7 个能量中心，它们就是人的 7 个脉轮。脉轮连接人的内分泌系统，每个脉轮会影响它所连接的腺体所在的身体区域，许多生理不平衡都与脉轮的能量堵塞、失衡有关。于是，科学家研究出每个脉轮所对应的腺体、器官及其相应的振动频率，通过相应频率的声音引起脉轮的共鸣，从而让脉轮恢复平衡、和谐的振动状态。前面已经介绍过通过乐器去实现这种效果的技术，但人声是最适合人自身振频的刺激源，而且是最方便“携带”、随时使用的“乐器”。通过人声发音去活化脉轮，还可以让人根据自己准备好的进度来进行刺激，逐步活化能量，这是最安全而温和的。

母音是指在发音过程中气流通过口腔而不受阻碍发出的音。所有基本的母音，如[a]、[o]、[u]、[i]、[e]都是不依赖于舌头，只通过嘴型变化来发声，可见母音是在语言出现之前就已存在的最古老的发音。在人类用舌头来改变母音并发出子音时，语言便诞生了。任何一种语言中，母音都是最基本的载体，它的波形构成了句子，子音是它的伙伴，以短促的声响带动母音前行。

在古老的宗教仪式里，受到高度尊重的真言唱诵(mantra)里面，种子音节(如 OM)会对周围的物质产生特定频率的共鸣，改变这些物质的能量场。西藏人就经常做可以洁净身心的 5 种“种子音节”唱诵。西方唱诵圣歌的修道士也是在进行类似的唱诵，他们都深知这种疗愈力量的存在。

母音发音可以引起身体不同部位的共鸣，每个母音都连接特定的谐音，人们用特定的组合吟诵每个母音的声音，而且尝试让这些母音与高音相结合，创造强大的能量来使脉轮共鸣。有的体系主张发出母音+子音组合而成的音节来进行疗愈。总的来说，练习的过程一般应从人可以发出的最低音——海底轮共鸣开始，逐步向上提升音调，振动上方的脉轮，直至最后发出最高音——顶轮共鸣。而且，每个个体都是独特的存在，每个人最适合的振动频率稍有不同。可以先按照某一个自己最能认可的体系进行练习，当练习一段时间后，觉察能力会逐步提高，可以感受到自己所创造的声音之内还有很多层声音，那就是谐音。

具体到每个脉轮与发音的组合,以及观想的方式等,每个体系之间有所不同,有兴趣的读者可以阅读相关书籍进行了解和学习。

第八节 音声疗愈的组织形式及其对疗愈师能力的要求

音声疗愈有各种各样的方式和方法,各有其特色、优劣之处。根据每次疗愈活动针对来访者的数量是多个还是单个,一般分为团体音声疗愈和个体音声疗愈。根据具体技术特点,有的技术主要以团体疗愈的方式来开展,有的技术主要以个体疗愈的方式来开展,多数技术其实是既可以团体形式也可以个体形式来开展,只是具体的开展方式稍有差别。疗愈师一般要根据自己的技术倾向、优势特点来选择疗愈的主要组织形式。如果是经验丰富的疗愈师,两种形式都有能力进行,则可以根据来访者的疗愈目标和需求来建议、选择适合来访者的疗愈方式。下面分别介绍这两种组织形式的特点及对疗愈师的技术要求。

一、音声疗愈的组织形式

(一)团体音乐治疗/音声疗愈

最早期的人类将声音运用在神圣的仪式上,用以促进生育、催生、五谷丰收、死亡等场合;用在各种宗教仪式中,给人以信心、勇气、欢乐、希望,帮助人连接天地、对抗瘟疫、治病消灾……这些都是现代“团体疗愈”的雏形。团体音声疗愈包括一个或两个以上的疗愈师和一群被疗愈者,最少是2人,一般以8～10人为宜。人数过多容易失去控制,不利于疗愈师对每一个成员的关注;人数过少,则缺乏足够的能量场域和团体影响。现在的一些大型治疗工作坊也会有上百人同场的规模,这样的工作坊一般会采取分小组、多助教辅助支持的形式。

以音乐治疗技术为基础和以音声疗愈技术为基础的团体工作坊,在开展方式和起效原理上有着很大的不同。

1. 音乐治疗团体工作坊　此类工作坊主要是利用音乐而非语言交流的艺术形式,通过组织各种音乐活动,如合唱、乐器合奏、音乐剧、音乐再创作等活动,为被疗愈者提供一个安全、抱持的人际环境,以及一个通过音乐语言交流来表达、宣泄内心情感的机会(图2-6)。

在这类团体中,团体成员之间一般都被要求互相不认识,最好在彼此生活中没有交集,以避免双重关系,各成员在团体活动中也能更自在,不受影响地呈现自己真实的一面。这样,团体中的人际互动模式就像是现实社会的缩影,被疗愈者在社交中的固有模式、个人特质都可以在这个过程中呈现出来,治疗师便能从中发现被疗愈者社交问题的内在原因和影响因素。也正是这类团体工作坊为被疗愈者提供的这个“小社会”的环境,让每个成员在集体互动中与其他成员及治疗师一起形成一个多层次互动的治疗关

图 2-6 音乐治疗团体工作坊治疗现场

系。每个成员的行为及心理都受到其他成员的影响，并同时影响着其他成员。各成员在情感交流中相互支持、理解和同情，获得了表现自我和感受成功的机会，学习和提高其人际交往能力、语言表达能力、行为自制能力、与他人合作及竞争的能力，从而提高自信心和自我评价，确立自我社会角色定位，恢复、提升自己的社会交往能力，使各种心理、情感的困扰和痛苦得到舒缓、解决，促进了身心健康。

在音乐治疗团体工作坊中，最重要的是充分调动小组成员之间的互动，避免任何一个成员仅仅与治疗师互动。如果说个体治疗强调的是治疗师与被疗愈者之间的关系，那么团体治疗则更强调小组成员即被疗愈者之间的动力关系。

组织这类治疗团体时，治疗师需要考虑治疗目的和被疗愈者条件。例如，在以提升人际交往能力的团体中，被疗愈者可以通过音乐活动和交流来促进自己社会交往中的人际沟通能力，学习理解和接受他人的情感及行为，从而在这一环境中逐渐调整自己的社会角色定位和人际交往模式，建立起集体意识和社会现实感，控制不良的反社会行为，强化为社会所接受的行为。治疗师需要注意被疗愈者特点的多样性，即被疗愈者最好有不同的社会背景、年龄层次、教育水平，有个性开朗、积极的，也有个性较消极、内敛的，这种小组称为“异质小组”，可以更真实地模拟现实社会的构成。但是在组织以治疗精神创伤或应激后遗症为目的的小组时，治疗师则要注意被疗愈者特点的一致性。

2. 音声疗愈团体工作坊　这类工作坊是基于与音乐治疗团体工作坊很不一样的机制对被疗愈者产生影响的。

音声主要通过谐振调频的方式，净化人体能量场，促进被疗愈者实现能量、灵性层面的提升。音声疗愈团体工作坊并非强调被疗愈者人际交流、互动影响的作用，在音声体验的过程中，一般无须甚至不允许被疗愈者互相交流、互动，而更多是让被疗愈者沉浸于个人对音声感受的海洋中（图 2-7）。这类型团体工作坊的好处在于，被疗愈者即使没有实际层面的人际互动，他们也能共同营造一个强大的能量场域，每位被疗愈者的能量都对团体能量场有所影响。在音声体验之后，疗愈师也会组织被疗愈者一起相互交流、体验感受，在表达和聆听的过程中感受相互支持、理解、倾诉，以人观己，进一步增加对自我的了解和体验。

图 2-7　音声疗愈团体工作坊疗愈现场

3. 团体工作坊的特点　概括起来，无论何种团体工作坊，都有以下特点。

(1)高效省时：一位治疗师/疗愈师可以同时帮助多个团体成员，增加了治疗人数，既节省整体的时间，又节省了人力。

(2)影响力强而广泛：在团体环境中，无论在活动内容层面还是能量层面，治疗师/疗愈师与被疗愈者都是多向互动的，每位被疗愈者不仅接受着他人的影响和支持，情感投向多个对象，也有多个不同的折射角度，同时也影响和支持着其他被疗愈者，情感体验变得更丰富。

(3)针对性相对较弱：由于在团体中一位治疗师/疗愈师往往面对着多位被疗愈者，活动内容和流程只能针对大多数被疗愈者的需求来安排设置，所以对于某一位被疗愈者的个体需求来说，针对性就会相对较弱，一般无法针对某个人的个人问题来深入进行干预。也就是照顾了共性，弱化了个性。

(二)个体音乐治疗/音声疗愈

个体音乐治疗/音声疗愈就是一位治疗师/疗愈师对一位被疗愈者有针对性地开展干预的形式。在某些情况下，也可能由两位或两位以上的治疗师/疗愈师互相配合来帮助、支持一位被疗愈者。

1. 个体音乐治疗与个体音声疗愈的区别

(1)运用音乐治疗技术的治疗师，一般是根据其具体心理技术流派的特点对被疗愈者进行治疗，其运用音乐的功能、特点，以多元化的音乐来营造气氛、场景，带动被疗愈者的情绪波动，针对治疗目标给被疗愈者带来沉浸式的情绪、场景体验，使其在体验中实现转化和成长，从而实现疗愈目标。大多数音乐类技术既可用于团体治疗也可用于个体治疗，形意律动、音乐剧类的一般用在团体工作坊，在个体咨询中较少使用，但也可以通过一些转换的方式开展，如通过沙盘游戏让被疗愈者来设计、开展其“音乐剧”。

(2)运用音声疗愈技术的疗愈师，则一般不过多结合各种心理治疗技术，只是直接通过让被疗愈者聆听或参与乐器的奏鸣，或引领被疗愈者发声、唱诵等方式，来帮助被疗愈者放松并疏通气脉，营造疗愈场域氛围，通过声音的振动实现调频疗愈的效果。前述的各种乐器奏鸣技术、人声疗愈技术多数都既可用于团体疗愈也可用于个体疗愈，但以往的疗愈实践更多的是以团体方式开展，因为所需乐器多、成本高，团体疗愈的性价比相对较高，团体场域也更强大，被疗愈者更容易产生共振，实现深层调理效果。

在实际运用中，多数疗愈师会根据自己的技术方向，选择一两种乐器或声音来开展疗愈；也有经验丰富的疗愈师可以将多种乐器、人声等一起运用到疗愈中，实现“全频率振荡疗愈”，效果则更明显，手段则更灵活。深谙音声疗愈奥秘的疗愈师认为这是最直达、最深度、可以影响灵性并实现深层调理的方式。这对于某些被疗愈者来说效果很好，但有些被疗愈者由于质疑、存有偏见（觉得是迷信活动），不够放松和全然接纳，疗愈效果不明显。

2. 个体音乐治疗/音声疗愈的特点

（1）针对性较强：能根据被疗愈者个性化的需要来设计、综合运用不同的音声手段，也能更深入、彻底有效地处理被疗愈者的问题，或者达到更深层的放松。在被疗愈者与治疗师/疗愈师的一对一互动中，会由于对治疗师/疗愈师的移情而产生很多情感体验，而这些情感体验本身也可以是干预的机会和材料，使被疗愈者的问题进一步呈现、打开，因此可用于进行较深层的心理分析与疗愈。

（2）安全性较高：在团体疗愈场景中，由于被疗愈者众多，而且很多时候是互不相识、来自不同地方的陌生人，也或者是平时有一定交集的“同质群体”（如同一公司职员、同一病房病友等），难免存在一些防备心理，可能难以完全放松，不能打开心扉去表达内心。有些由于生理条件或心理因素限制，不适合参加团体疗愈的被疗愈者，也更适宜进行个体疗愈。

（3）咨访关系安全放松：一对一的咨询/治疗场景比较利于被疗愈者放下防备，完全放松、自我开放，这是产生效果的重要前提。治疗师/疗愈师可以对被疗愈者状况有较详细的分析和把握，就被疗愈者的问题进行较深层的心理挖掘，与其共同解决具体问题。

（4）效率较低：因为每次只能影响、处理一位被疗愈者，受众面积很有限，所以干预效率相对于每次一批被疗愈者的团体形式较低。

二、音声疗愈形式对疗愈师能力的要求

在个体疗愈中，疗愈师与被疗愈者应该是平等合作的关系，二者共同探讨、洞见被疗愈者的内心世界和潜意识冲突，共同积极参与疗愈过程。所以，疗愈师能让被疗愈者感受到安全、值得信任，能放松地卸下人格面具，并能得到理解和支持，是个体疗愈咨询起效的关键所在，这样才能让疗愈有效地开展下去。疗愈师把握好自身的角色显得尤为重要，这里的咨访关系不是一般患者与医生之间的医患关系，而是合作关系——疗愈师辅助和支持被疗愈者发挥自身本有的生命能量，从而实现疗愈目标。疗愈师还要解决好移情与反移情的问题，处理不好会让咨访关系破裂，不仅疗愈无法进行，还会给被疗愈者造成更大的精神创伤，甚至会危及疗愈师自身的职业生涯。处理得好可以增强咨访关系的稳定性，帮助被疗愈者从中看到自己的潜在需要和固有模式，也能使被疗愈者更开放自己的内心情感，与疗愈师共同探讨、分析和解决自己的问题。

在个体疗愈开展过程中，疗愈师需要根据被疗愈者的需要、个性化的反应随时进行调整，灵活运用音声、乐器手段，而不能按照自己既定的流程、设计来进行；疗愈师要熟练掌握各种手段，能随时灵活切换，而且也要掌握沟通技巧，与被疗愈者建立起安全、信任的咨访关系。

在团体疗愈开展过程中，虽然团体疗愈工作坊一般有固定流程和操作计划，但可能被疗愈者的突发状况更多、更不可预测，疗愈师既要能够像个体疗愈中那样灵活运用各种疗愈、沟通谈话等技术来随机应变地处理，也要懂得在适合的机会巧妙地运用团体动力来处理。而且，在团体音声疗愈工作坊中，疗愈师首先需要有能力引导所有被疗愈者身心放松地投入、参与到音声活动的过程中，才能使被疗愈者接受音声振动带给其身心的深度影响，从而产生共鸣。然后也需要有能力营造稳定、强大、安全的环境能量场域，为被疗愈者提供一个开放和暴露自己内心深处情感、情结甚至隐私的安全环境。同时还要有足够的能力驾驭被疗愈者在音声疗愈作用下随时呈现的各种情绪状况，以保证工作坊各环节顺利开展。要想做到这些，疗愈师需要拥有丰富的个体疗愈经验，对各种临时情况和可能性都了然于心，灵活应变、把控自如。除了技能的要求之外，疗愈师还要拥有强大而稳定的人格能量，保持对在场每一位被疗愈者及助教人员的敏感度，并对他们的能量状态和情况稳定性提供积极的影响。

可见，团体疗愈虽然针对性、处理深度一般不及个体疗愈，但对疗愈师的能量范围、水平要求往往比个体疗愈师要更高。所以建议初学者从个体疗愈咨询起步，踏踏实实地积累对各类型来访者的处理经验，并在这个过程中逐步加强自己的人格力量，增加情绪稳定性，提升人格魅力，之后才开始组织、带领团体疗愈工作坊。

本书主要针对刚入门学习催眠和音声疗愈技术的新手疗愈师，所以，在接下来的章节中，我们主要探讨音声疗愈催眠在个体疗愈咨询中的应用。只要在个体疗愈咨询中积累了足够的经验和培养出稳定的人格能量，再结合过去众多学者对各类团体工作坊的操作技术所进行的具体的探讨和研究，把音声疗愈催眠技术用于团体工作坊就不再困难了。

思考题

1. 举例说明你在日常生活中发现的运用音声对人进行催眠的例子。
2. 音声疗愈与音乐治疗有何异同？
3. 音声可以引发催眠状态吗？如何通过音声实现疗愈？
4. 本章所介绍的各种音声疗愈技术中，你比较倾向于接纳哪一类型？为什么？

第三章　音声疗愈催眠技术

前面第一章介绍了什么是用于疗愈的科学催眠，以及已经发展成熟的各种催眠流派的技术和各自的特点及优势；第二章介绍了音乐治疗和音声疗愈的概念和原理，以及现在已用于心理治疗、疗愈领域的各种音声疗愈技术。对于疗愈师来说，在咨询辅导工作实践中最重要的问题是如何把这两种各有特色的技术相互结合运用，进而让自己的工作更轻松、更有效地开展。所以，本章将进一步探讨这两种技术的结合运用和实践原则，为疗愈师的工作实践指明方向。

第一节　音声疗愈催眠技术概述

一、催眠和音声疗愈相通之处

催眠和音声，作为身心疗愈技术运用在临床实践中，在运作、起效机制，以及来访者即被疗愈者在疗愈过程中的意识状态等方面都存在着很多类似之处，这决定着这两种以往似乎毫不相关的技术其实可以进行整合运用，成为一门新的疗愈技术。

一方面，催眠的大脑运作机制是通过大量信息加载，让来访者产生焦虑，触发其大脑的“战斗或逃离”机制，从而开启潜意识大门，进入催眠状态。这个过程，同时也是通过带动来访者的神经系统一张一弛交替进行，从而增强其交感和副交感神经系统活性的训练过程。在音乐治疗中，各种乐器及人声发出的乐声也可以对来访者起到信息加载的作用，并通过音乐这种“无国界语言”引发情绪或兴奋或放松舒缓的起落波动，从而也能在这个感受的过程中让聆听者不知不觉进入催眠状态，同时交感和副交感神经系统的活性也得到激活和增强。从更广的角度来说，音声疗愈通过各种音声带来的和谐共振，可以带动人体中的水分子、身体细胞等产生共振，从而实现身体调频、整合及平衡能量、激活生命力等。可见，无论是催眠还是音声疗愈，都是通过影响潜意识和身体系统深层调理来起到疗愈效果的技术，都能诱导来访者进入催眠状态从而起效。

另一方面，从疗愈过程中来访者的意识状态来看，在催眠状态中，人们处于一种身体放松、注意力高度集中于催眠师的诱导上，没有睡着，意识尚存，潜意识也被开启的意识恍惚特殊状态。在音声疗愈中，人们的注意力也是高度集中于音乐或各种声音刺激中，同样没有入睡，但潜意识会随着融入音声的韵律中逐渐开启，从而进入意识恍惚的特殊状态。

我们在各种音乐会、演唱会中，经常可见听众会随着音乐的引导而出现各种明显、剧烈的情绪起落，其实也就是进入了集体催眠状态。所以，音声疗愈与催眠都可以诱导人们进入催眠状态中而起效。

二、催眠和音声疗愈的互补之处

在疗愈工作的临床实践中，催眠和音声两种技术都存在着不同的限制和不足之处，需要进行互补整合才能更广泛、有效地运用于不同的来访者的疗愈上。而且，它们在具体操作实施方式、运用的素材、干预方式上的不同，也给了疗愈师更丰富的选择，能够让其在工作中根据自己的专业倾向来选择运用起来更得心应手的方式帮助来访者。

首先，在传统催眠治疗中，催眠师往往是通过在来访者进入催眠状态后，针对症状做出暗示来起到治疗效果。因为在催眠状态中，只要催眠师有针对性地发出暗示信息，这些信息就能绕过大脑批判区的过滤，直接到达潜意识层面，对来访者产生深层的认知、情绪调整，从而实现疗愈。甚至著名的精神科学家和临床催眠倡导者 Hippolyte Bernheim 说：只有暗示，没有催眠。但是，经过多年的实践，人们逐渐发现这种疗愈思路存在一些弊端（详见第一章催眠暗示部分的介绍）。所以，现代催眠已经不再提倡只是针对来访者的症状给予催眠暗示，而是通过活化来访者的交感/副交感神经系统，整合其意识和潜意识，使其增强生命力和活力，提升人格力量，从而更有力量地进行自主选择并对自己的选择负责。

在音声疗愈催眠中，疗愈师可以使用语言、音声、韵律等非语言甚至超语言等方式将来访者导入催眠状态，综合影响来访者。因为歌曲、咏唱、吟诵的方式往往含有语言的暗示信息；而无论是歌曲，还是纯音乐、各种乐器或非乐器的声音，以及人声咏唱、吟诵等，都必定有非语言暗示的信息，强烈地影响着人们的情绪、情感流动，甚至吟诵、吟唱、梵咒等形式还隐含着很丰富的超语言层面的暗示信息。这些形式的暗示都不针对具体问题做任何处理和治疗，减轻了来访者对催眠暗示的依赖，增加了其自身感受、接收信息的空间，能产生更根本的激活和疗愈效果。此外，在音声疗愈的实践中，由于对来访者心理特征和暗示感受性类型的把握不准，或者对于某些高情绪型人群来说，他们由于长期对身体感受性的压制，已经对音乐、声音不敏感，单纯通过音声疗愈的干预一下子很难起效，甚至引起阻抗，这些都需要结合催眠技术，对来访者进行更科学的评估、理解，再结合催眠诱导的方式进行疗愈，才能起到更理想的效果。

其次，在催眠素材的选择和运用方面，催眠主要通过语言诱导和一些动作诱导来实现信息加载，让来访者的意识放松下来，逐步打开潜意识的大门；而音声疗愈则是通过人类的共同语言——音乐和声音，通过来访者被动或主动地参与到音声创造中来，从而在这个过程中通过音律和呼吸让其意识放松下来，同时也是在进行信息加载。

再次，传统催眠疗愈是一个需要催眠师掌握一系列系统、专业的催眠技术，丰富的实践经验，并结合心理咨询技巧才能运用好的疗法。例如，在催眠疗愈中，信任关系对于来访者有效放松、催眠起效有着决定性的作用。催眠信赖是来访者与催眠师之间的和谐结合，当二者的和谐关系建立时，来访者可以更自然地进入放松、信任的状态，其大脑会放下很多批判，这种积极的精神状态会促进其更容易跟随催眠师的诱导，更快速进入催眠状态。这就要求催眠师必须精心选择语言、语音语调及催眠过程中的每一个举止所渗透的非言语信息;还要求催眠师将大量时间和精力放在设计精巧的语言、动作上,以便针对不同的来访者进行不同的催眠诱导。这个过程既需要起到信息加载的作用,又需要体现催眠师的自信和魄力、影响力和同理心,所以催眠师必须有丰富的经验积累,深厚而灵活的语言功底,充足的自信和强大的情绪把控能力。可见,传统催眠疗愈对催眠师自身的专业功力、人格魅力都存在较大的考验,这不是一朝一夕能练成的,让很多初学者难以入门,可能一起步就频频面临着挫败感。而且,很多批判思维、逻辑思维很强大的来访者,其思维模式决定着他们不会轻易接受催眠,哪怕理性上接受了,期待通过这个方法来得到疗愈,但其习惯的模式还是让他们经常处于高度自我防御的状态,不容易接受催眠师针对治疗发出的暗示。这亦对初学者提出了巨大的挑战,让很多初学者遭受重重的打击,甚至对催眠疗愈失去信心。

传统的音乐治疗也是一个需要疗愈师具有丰富音乐专业技能和系统知识的领域,需要疗愈师深深融入音乐中,并通过对丰富音乐元素的把握来调动来访者的情绪能量和生命激情,从而帮助其调整身心健康。在开展音声疗愈过程中,能否让来访者充分放松下来并感受音乐和声音,然后根据症状进行适当的疗愈调整,是疗愈起效的关键。但精通音乐专业技能的疗愈师往往又比较难有效地掌握来访者的心理需求、问题原因,这对音声疗愈师的综合素质提出了很高的要求。而且,有部分来访者以往对音声存在偏见甚至有抗拒心态。音声疗愈对音声素材的高度依赖,限制了其对某些来访者实施疗愈。如果有其他诱导手段作为补充,则可以让音声疗愈技术的适应性更广。

音声疗愈主要通过音声素材、环境场域来诱导,也都是通过不同的方式来进行信息加载,引发催眠状态。在前人的大量研究和开发之下,很多音声的影响方式已经有非常丰富的素材和具体可实践的操作方式。疗愈师可以选择有强大音声疗愈效果的工具器材,如现场音乐素材、声音素材或颂钵、铜锣等乐器工具来进行疗愈;也可以带领来访者一起唱诵、吟诵来辅助其身体疗愈、呼吸练习,这些都相对容易掌握和不难操作,比较适合初学者学习和实践运用。

最后,传统催眠疗愈需要来访者有主动求助、积极疗愈的自主配合,而非单凭催眠师的权威就能实现催眠疗愈。而音声疗愈则有很多技术可以用来调动来访者的主动性,让他们积极参与到疗愈过程中,更有效地达到疗愈效果。

三、音声疗愈催眠的定义和疗愈理念

(一)音声疗愈催眠的定义

鉴于上述催眠和音声疗愈的限制和不足,根据心理疗愈工作中的实践需要,我们需要对催眠和音乐治疗、音声疗愈进行技术整合、创新,结合它们所长,综合运用它们的优势,弥补各自的劣势,让疗愈技术能适应更多不同情况、不同需求的来访者,也为更多初学的疗愈师提供更易于掌握、更易入门的技术。于是,"音声疗愈催眠"技术就诞生了。

这里所说的音声疗愈催眠既非音乐治疗,也不是传统意义上的催眠治疗,而是二者的取长补短,有机整合。音声疗愈催眠是疗愈师根据来访者的身心健康需求,有针对性地运用适合的音乐或音乐以外的各种声音（振动）、发声练习等方式，与来访者共同努力协作，对来访者的身体和大脑功能进行修复、更新、提升，从而恢复自然生命状态的技术。

（二）音声疗愈催眠的疗愈理念

每一个人来到这个世界上，都有其与生俱来的生命能量。虽然在生活中遇到各种难题、刺激甚至创伤的时候，人们会陷入焦虑、抑郁等情绪状态，但每一个人也天生具有自动调整自身状态的复原力。从生理上来说，人体的自主神经系统由交感神经系统和副交感神经系统组成，这两个神经系统具有一张一弛、互相平衡调节的功能，它们的灵活调节可以让人们有足够的自我调节能力，从而在不良情绪状态中逐步自动恢复正常。但是，很多人由于成长过程中未得到足够的训练而使这两个神经系统的调节功能未得到充分良好的发展；或者遇到创伤事件后这两个神经系统被影响、抑制而功能紊乱，失去了自动调节能力。只要疗愈师帮助来访者训练、提升或恢复其神经系统的这种自主调节能力，激活其旺盛的生命能量，便能让其有能力逐步自我修复、调整过来，在日后生活中再出现各种情绪状态时，也就能够更快、更有效地回归到和谐、平衡状态中。

所以，在音声疗愈催眠中，疗愈师运用音乐、声音或语言等丰富多样的素材，本着上述以人为本的、发展性的心理支持理念，不去主观地干预或控制来访者的潜意识，不通过针对症状植入任何暗示信息，而只是通过共同协作充分调动来访者自身的参与性和内在资源，让其实现疗愈。

综上所述，音声疗愈催眠是基于以下几个方面的理念来帮助来访者实现疗愈的。

1. 通过激活潜意识能量来提升来访者自身力量，而非通过暗示处理症状　在传统催眠中，通过对来访者的症状给予暗示存在着种种弊端和不良效果，而音声疗愈催眠并不提倡沿用这种治疗理念，而是着眼于更深层地影响来访者面对实际问题的人格力量。具体可以通过丰富的头脑训练、音乐的引领熏陶、音声的协调共振等方式，多层次地激活来访者被压抑的潜意识能量，让它们逐步得到活化，从而提升来访者自身的人格力量，增强应对、处理问题的能力。而具体来访者将如何应对、处理其实际问题，则不再是疗愈师需要考虑、指导的问题，因为疗愈师没有资格去代替来访者做出适合的选择。

2. 通过身心同调的影响作用来提升来访者的自我修复、成长能力　传统的心理咨询或者催眠都主要着眼于处理来访者心理层面的问题，通过调整心理的方式去帮助其缓解精神心理出现的种种症状，解决问题，或提高解决问题的能力。但要相信，每一位来访者本身都已经具有了寻找、创造自己幸福的能力。也就是说他们本身具有旺盛的生命力，只是在成长的过程中被环境、教育、创伤等种种因素压抑了，甚至他们自己都看不见、感受不到这份力量的存在，转而依赖外界的支持和帮助。如果疗愈师满足了他们的这份依赖，帮它们做出决定和选择，就是强化了它们内心对自己的这份无力感和对外界的依赖感，反而害了他们。所以，疗愈师不需要替来访者做出选择和决定，只需要把来访者的这些能力激活、提升起来，就可以实现疗愈！

音声疗愈催眠结合了音声对身体细胞、振动频率的调谐作用，已经不再局限于调整心理问题和症状，而是根据身心一体、互相影响的理念，针对身体、情绪及心理两方面同时施加影响并进行调整，从而更有效地提升来访者的自我修复和自我成长能力。

3. 通过丰富的形式和素材激活神经系统来提升自我调整能力　人的生命系统是很

丰富的，要实现自我调整能力的激活和提升，往往不能仅通过某一种方式。在音声疗愈催眠中，疗愈师可以通过丰富的开展方式和各类型素材来作用于来访者，通过有针对性地选择素材，循序渐进地激活神经系统，才能更有效地帮助来访者从根本上提升自我调整能力。

4. 提供丰富的素材刺激感官，更有效地提高来访者的感受力　对于很多长期处于焦虑、抑郁等极端情绪状态的来访者来说，感受力的减退甚至缺失是让他们持续陷于痛苦中的一个重要原因。如果通过传统催眠或者一般的音乐治疗，他们在感受力不高的状态下，往往很难取得理想的疗愈效果。

在音声疗愈催眠中，疗愈师可以综合运用包含各种情绪的音乐、层次丰富的交响乐，各类具有强烈、稳定振动频率的音声疗愈器具的现场奏鸣，全方位作用于来访者的听觉、视觉、触觉等；也可以运用催眠的语言诱导、疗愈师的非言语影响力，或者疗愈过程中的亲身参与创作等方式，刺激来访者的人际敏感度，提升其人际感受力。通过这些综合的影响刺激，来访者的各种感官、感受力会得到更好的提升，从而走出极端情绪状态。

四、音声疗愈催眠的主要特点

基于上述疗愈理念，音声疗愈催眠结合了催眠、音乐治疗、音声疗愈几种技术的优势，主要具有以下特点。

1. 应用对象的普适性　在传统催眠治疗中，催眠师很注重对来访者感受性的评估，因为他们普遍认为，只有暗示感受性高的人才能被催眠并从催眠治疗中获益，这样的理念把很大一部分来访者拒之门外而得不到有效的帮助，这是催眠治疗技术的一大限制。随着催眠理念的科学发展，现代催眠已经越来越意识到，暗示感受性较低的来访者并非不能被催眠，只是需要通过不一样的方式、更长的时间去导入催眠状态。例如，就像 HMI 催眠所提倡的那样，传统观念认为不能被催眠的对象往往属于“情绪型暗示感受性”，他们需要更多的间接暗示来导入催眠状态。而且，从某些角度上来说，他们是更加需要催眠治疗的，因为他们的意识大脑比较强大，不易被外界影响，对他人、外界环境的感受性偏低，造成其对潜意识的压抑，让其生命力不能充分展现出来。所以，催眠对他们神经系统的活化，往往能开启他们生命更丰富的篇章。但是，传统的语言诱导对他们的作用是比较小的，以催眠师为主导的催眠诱导模式也比较容易触发他们的自我保护意识，不自觉地增强了阻抗。此时，音声疗愈就是一种很自然的间接暗示方式。音乐和声音比较容易绕过这类型来访者的批判区，让他们更好地投入进来，逐步放下戒备，放松情绪。而且，音声中的和谐振动可以不知不觉地对他们的身体、细胞进行调频，疏通其压抑的情绪能量，从而使他们自然而然地进入催眠状态中。

2. 疗愈形式的多样性和开展的灵活性　传统催眠治疗对于环境有较高的要求，需要在较安静、舒适及让人放松的环境中进行。也有一些催眠技术不强调环境，但那些技术对催眠师的影响力、主导性有较高的要求，不是初学者容易掌握的。同样地，传统音乐治疗技术很多都要用到专业的乐器工具，疗愈师要有较高的音乐素养，才能实现良好的疗愈效果。

然而，音声疗愈催眠由于结合了科学的催眠诱导技术和古老的音声疗愈技术，疗愈师在操作时既可以选择以语言、动作为主的催眠诱导方式，也可以选择便于其操作的音声疗愈方式，选择的范围更广了，自然也就可以更加灵活地适应不同的环境、疗愈对象。其开展的形式可以是语言、音调、动作等的诱导，也可以是各类音乐、乐器或器具发出的声音及人声的影响，亦可以是通过疗愈师和来访者协同制造多层次的音声振动、创造音乐剧等过程的影响，疗愈师可以根据实际情况和需要选择适合的实施方式。

3. 来访者的自主性和参与性　这些年来催眠技术在各种场合的宣传和运用，让很多民众对催眠都有误解和恐惧心理，觉得催眠时会被催眠师迷魂和控制，不敢轻易接受催眠治疗。也有很多来访者本身就安全感不足，在生活中很怕失控，也特别担心在以催眠师为主导的催眠中被控制或强化失控感。而音声疗愈中的很多技术很强调来访者的主动参与，他们可以参与音声的创作，而不是被动受影响的过程。

此外，身体是潜意识“寄居”的地方，反映着丰富的潜意识信息；反过来，人们也可以通过改变身体、修复身体来影响潜意识。而在音声疗愈催眠中，疗愈师带动、引导来访者参与音声创作，可以有很多形式的互动，更有利于调动来访者身体资源，促进、激发潜意识的流动，起到催眠开启潜意识的效果。

4. 素材的丰富性　音声疗愈催眠技术是在科学评估不同类型来访者的暗示感受性、个性特征、喜好等心理特征的基础上，有针对性地选择适合来访者的催眠诱导方式和素材。在传统催眠中，素材形式只限于语言和催眠师的动作、声调、神态等非语言信息；而在音声疗愈中，素材形式则多种多样，如不同类型的音乐素材、不同声音振动的器材制造出的声音、不同形式的音声互动等。疗愈师可以在每个疗愈环节中，针对来访者的心理特征和需求，以及根据自身的优势和特长，选择更多不同类型的素材。例如，对于长期处于压力状态的来访者，疗愈师既可以通过传统催眠渐进式放松来助其身体放松；也可以根据其喜好倾向，通过结合聆听舒缓的音乐、交响乐，或者在渐进式放松的基础上结合颂钵、铜锣的音声振动，帮助其实现更深层的放松疗愈；还可以带领其做简单的基音唱诵来训练其深长、缓慢地呼吸，促进其身体层面的能量流动，从而使其更有效地对抗压力，实现身心的放松。

5. 疗愈效果的深入性　传统催眠主要依赖针对症状给出暗示来起到疗愈效果，但那样往往不能解决根本问题，甚至会制造更多的后续问题。而传统的音声疗愈因为缺乏对来访者心理特质、需求的深入理解，有时候缺乏针对性，达到的疗效也有限。往往有一些来访者，经过一段时间的音声疗愈后，感觉在被疗愈时身心放松了，意识扩张了，对生活也更有希望了，但一回到现实生活中，面对具体生活挑战事件，很容易被打回原形，找不到实践的落脚点。

然而，音声疗愈催眠则可以在科学分析来访者的心理特征、深层需求的基础上，针对其现实状况的最核心需求，通过催眠诱导、音声调谐振动和丰富的音声疗愈方式来开展疗愈工作。这个过程既能活化来访者的潜意识能量，训练其交感/副交感神经系统的弹性，激发其生命活力，增加其应对现实挑战的力量；又能让疗愈师在关键处启发来访者应对现实挑战的智慧和能力，促进其人格的健康发展，从而使其在生活中更有能力应对现实挑战，找到成功感。

五、学习音声疗愈催眠的意义和价值

作为一名心理咨询、辅导工作的从业人员，我们学习了前人已经成熟运用的各种咨询、催眠技术，已经有很丰富的工作经验，为什么还要学习音声疗愈催眠呢？

上文提到传统催眠和音声疗愈技术对初学者、刚入行的从业人员都具有一定的挑战性，并不是轻易能掌握并取得理想助人效果的。而且，这些技术都存在着各自的弊端和不足，在运用时都会有一定的限制。所以，我们整合开发了音声疗愈催眠技术，来让这些原本处于不同领域的技术得到互相补充的效果。

另外，由于音声疗愈催眠既基于现代科学对人体细胞、神经系统进行的研究，又结合了大量古老而行之有效的催眠、音声素材，所以在实践工作中，该技术既有利于疗愈师对每一位来访者进行更全面、科学的评估，又能使疗愈师灵活选用适合自己和来访者的、成熟的疗愈素材来开展工作，从而更加有底气。

第二节　音声疗愈催眠之实践

一、音声疗愈催眠的工作对象

因为音声疗愈催眠结合了传统催眠和音声疗愈的技术操作方式和各自的优势，所以它可以适应的工作对象范围比传统催眠和音声疗愈技术都要广。

需要注意的是，音声疗愈催眠师并不能对来访者进行病理性的诊断和干预。如果来访者的精神心理状态已经处于病态中，音声疗愈催眠师应立即将其转介到有治疗资质的医疗机构进行及时治疗。其症状通过医疗手段得到控制、改善之后，音声疗愈催眠师可以进一步帮助其调整深层的身心状态。

前面章节详细介绍过，人们在面对紧张、焦虑、强大压力之后，需要恢复能量自然流畅、身心舒展、生命力旺盛的自然状态。身体需要释放、清空那些集结的负面能量，就像疏通河道、清除淤泥一样，身体能量也需要流动起来。疗愈区别于治疗，就是这个帮助人们真实面对自己生命，通过各种方法对过往集结的负面能量进行疏通、清理、更新、转换，进而回归到一种自然的幸福的生命状态的过程。

所以，每个人都可以通过疗愈实现生命的升华。在临床工作实践中，音声疗愈催眠师主要会面对以下几类人群。

1. 持续处于压力状态下的人群　在现代社会，多数人都面对着巨大的生活和工作压力，抑或人际等方面的压力。在压力状态下，人的身心健康均会受到不同程度的伤害。具体可能体现为各种躯体器质性病变，或者长期处于某种亚健康状态（如头痛、乏力、失眠等），其实这些都源于更深层、人们看不到的身体细胞振动频率紊乱、失衡等问题。音声疗愈催眠师通过音声疗愈催眠的种种疗愈手段，可以帮助这类人群调谐细胞组织的振

动频率，促进身心系统的能量流动，从而缓解、改善压力状态，恢复身心健康。

2. 持续处于某种极端情绪状态的人群　在持续的压力影响下，或者在某种强烈的创伤刺激之下，人们很可能陷入极端的情绪状态之中，不可自拔，久久难以自行恢复，例如现在社会上广泛存在的焦虑、抑郁状态。它们都会让人们在生活、工作中失去本来具有的应对、调节能力，大大影响着人们的正常生活，使人痛苦不堪。在这种情况下，仅仅通过说理开解、传统的谈话咨询、催眠、认知调整等都难以快速取得成效。而音声疗愈催眠师通过丰富的音声疗愈刺激，则能更快速又直达身心底层地帮助这类人群激活固着于某种状态的能量，快速提升其神经系统的调节能力，从而摆脱极端情绪状态，恢复其本有的生命活力。

3. 对高品质生活有追求的人群　也有一部分人群，本身生活状态没有遇到太大问题，并没有陷入困境，但仍然对更高质量的生活有所追求，希望提升自身的生命状态。疗愈本身就是一种可以针对任何人的“高级养生”，所以，音声疗愈催眠师完全可以通过形式丰富的音声素材来帮助这类对生活品质有高要求的人群，进一步激发他们的生命能量，提升他们的人格力量，从而使其有能力去追寻、创造更高质量的生活。

在他们得到提升和成长之后，甚至还可以帮助他们的家人、孩子、朋友等身边人也得到提升和成长，更有效地解决身边遇到的种种问题。例如，成为一个更积极正向、有生命力的父/母亲，可以更有效地应对、处理孩子成长过程中的种种困扰问题，为孩子提供坚实的成长支持。成为一位更有力量、有包容心的老师，可以更喜悦地接纳、善待每一位性格迥异的学生，让每一位学生都得到适合他们自身的培养和发展；成为一位更有生命能量的医生，可以以更慈悲、大爱的精神面对每一位患者，既能稳住自身专业界限，又能有效拯救更多人的生命！所以，总的来说，只要人们对更高品质的生活和更有质量的生命有所追求，通过疗愈，都可以在各自的领域中实现更大的价值，也活出更绚丽的人生。

二、音声疗愈催眠不适合的对象

以下人群一般不适合进行音声疗愈催眠。

1. 精神疾病患者　这类人群自知力缺陷，无法与音声疗愈催眠师产生亲和感，并可能因妄想、幻觉等精神病症与现实解离，无法跟随引导，也无法集中注意力。就算他们自身积极想要接受音声疗愈催眠，但实际上是想通过这种方法可以放弃药物治疗，这是不可能实现的。他们对音声的感知、唤起的情感反应不同于正常人，难以取得理想效果。

2. 智力、听力缺陷者　智商在 70 以下者会较难理解指导语，难以专注想象和感受，虽然也可以通过音声的影响适当调节身心，但难以产生疗愈效果。听力严重受损或者失聪的人群，听不到引导语和音乐，当然也同样无法运用此疗法进行疗愈。

3. 偏执、反社会等人格障碍患者　这类人群已经固化形成了隔离、不信任甚至敌对的人际关系模式，难以与音声疗愈催眠师建立安全信任的互动关系。

4. 6 岁以下或注意力缺陷者　他们无法长时间聚焦注意，通过音声帮助他们调节情绪、安神定心、聚焦注意力有一定的作用，但要实现疗愈的作用相对较慢。

三、音声疗愈催眠工作目标的制定

任何咨询、疗愈、治疗工作的开展，必须先制定科学合理的工作目标，才能有针对性、有条不紊地开展工作。音声疗愈催眠的工作目标，一般是根据来访者（工作对象）提出的影响其工作、生活、社会适应及人际交往的具体困扰问题，疗愈师和来访者共同制定的、适合其心理发展水平和期望的阶段性目标。可见，工作目标的制定包括以下几个要素。

第一，必须以来访者的需求为根本，从他受困扰的事件基础出发，绝不是疗愈师“认为”他有问题的方面。这才能唤起其积极参与的动力，疗愈工作才更有实效。例如，一个面临婚姻困境的人来咨询，疗愈师不能主观地认为其咨询目标就是如何独立生活。

第二，这是来访者与疗愈师双方合作的过程，并不是以疗愈师的“专业”说了算，也不能完全根据来访者自己的想法来确定。音声疗愈催眠作为合作派催眠的一个类别，疗愈师需要在取得来访者信任的前提下，协助他厘清自己面对的问题，双方共同确定目标。

还是以面临离婚困境的来访者为例，假如其咨询目标是如何挽回婚姻，疗愈师可以先引导其厘清“挽回婚姻”的内在动机——是爱？还是恐惧？还是显示自己的力量？这背后的动机才是真正需要制定的工作目标。在这个引导厘清的过程中，疗愈师就已经可以开始运用音乐、催眠等方式进行引导，或者来访者需要先释放、处理一些情绪，才能看见内心的真实需求。

还有一种情况，也许来访者当初求助的目标是不符合实际的，是疗愈师无法实现的。例如，患有某种器质性病变的患者（如恶性肿瘤、高血压、糖尿病等），听说这些病和心理压力有关，便希望通过音声疗愈催眠来解决，同时放弃专科医生建议的药物甚至手术治疗。要知道，音声疗愈催眠并非万能，有些疾病（如病毒性感冒、恶性肿瘤等）并不是心因性的；有些疾病（如高血压、糖尿病）虽已有研究证明与心理压力、个性特点有着明显关系，但当它已经形成对机体的损伤（血管硬化、功能退化等），就不是仅靠心理调整可以疗愈的。

这时候，疗愈师需要通过实事求是的讲解，让来访者理解个中原理，接受这种情况下音声疗愈催眠只能作为辅助治疗的手段。从而可以调整目标为：通过音声疗愈改善其面对疾病的精神压力，提升面对困境的生命力，改善情绪状态。

第三，工作目标是有阶段性的，疗愈师要根据咨询疗程的具体设置，通过评估来访者的现有发展水平，制定在这一阶段的咨询内可以达到的对其有价值的目标。例如，一位重度抑郁已达 3 年、一直辍学的来访者，疗愈师通过 10 次的疗愈也许并不能助其重新回到正常学习阶段，而是先让他提升自主调控情绪的能力，激发其生命动力，养成有利于回归学业的积极生活习惯。

第四，目标的制定需要符合来访者的心理发展水平，不是盲目追求塑造完美的人。疗愈师需要考虑来访者的人格基础、年龄阶段、心智发展水平等来制定阶段性工作目标。例如，对于一个 10 岁的多动症孩子，通过 1 个疗程，疗愈师可以制定“他的工作注意力水平提高 15 ~ 20 分钟”的目标，而不是希望“让他坐下来学习 1 小时”。

需要强调的是，这里所说的工作目标，并不是对来访者的“治疗承诺”，甚至不一定跟来访者清晰地阐述出来，而更多只是作为疗愈师心中的一个工作方向，一个制定咨询方案的根据。因为人的心灵成长和疗愈是一个特殊的工作，不是单靠疗愈师一方多么专业、多么有能力就能实现目标的，必须得到来访者的配合和共同努力。一旦疗愈师给出治疗承诺，达到目标的责任就会自然落在疗愈师肩上，不利于来访者的积极投入。而且这个工作目标往往带有疗愈师的一些专业分析和理论假设，需要在工作开展过程中验证、调整，如果要向来访者阐述明白，就会变成理论分析，喧宾夺主了。来访者往往并不需要了解，也没办法完全理解疗愈师制定目标背后的原理，故没必要向他们一一详细解释。疗愈师可以根据疗愈目标，选择性地说明一部分，以取得来访者更好的合作。

四、音声疗愈催眠的工作环境设置

让来访者放松、舒适的环境场域，能帮助疗愈师让来访者放下防御，更顺利地与来访者建立和谐、信任的咨访关系，从而使疗愈更顺利发生。特别对于初学者来说，良好的环境是一个重要的助力因素。

在准备工作环境前，疗愈师要清楚一个原则：疗愈过程不是一味的深沉和放松，有时候也需要采取一些光线、语速、音声等手段，激活来访者大脑皮质，使其意识活跃甚至进入亢奋、焦虑等状态，相当于起到催眠中信息加载、带出战斗或逃跑反应的效果，为后面导入更深的放松状态做铺垫。在某些疗愈过程中，也需要先导出来访者的某些情绪记忆，再进一步做情绪释放或处理。所以，工作环境并非只强调放松舒缓。

环境创设可以从以下几个方面考虑。

1. 可调节的色调光线　强光会让人清醒、焦虑、疲劳，也会激活某些负性情绪，而柔和的暖色调和光线，如黄色暖光、浅蓝或浅绿色的窗帘、淡黄的墙纸等，则有助于来访者身心舒缓、放松，更易进入催眠状态。

2. 便于调控的室内温度　太冷、太热可以让人处于过度警觉或者慵懒的状态，不利于放松和专注，深度放松催眠时应将室内温度保持在 26 ℃左右。

3. 疗愈师的个人仪表和状态　虽然疗愈师不一定要着职业装，但一定要显示专业、端庄的仪容仪表，穿着不暴露、不另类，不要有强烈食物气味、口气等。接待来访者时，疗愈师既不能过分冷漠，也不要过分热情，应适当微笑，保持一个专业、积极的态度。

4. 音响器材的性能　在音声疗愈中，如果要通过音乐来进行疗愈，音乐各个声道、给予来访者的环回立体声音效对于疗愈效果起着较重要的作用，所以治疗室的播放器材最好有高低音箱，音效良好。但也不能太大太豪华，疗愈师需根据场地大小来确定乐器的数量和摆放。

5. 器材的摆放　在疗愈中，有可能需要软垫、瑜伽垫和各种乐器、工具，最好都提前准备好，避免疗愈过程中外出取放乐器和工具。摆放不宜杂乱随意，要有层次，最好放在较显眼处，让来访者进入时已经感受到疗愈师的工作特色，对音声疗愈有一定的心理准备。

6. 来访者的位置　可以为来访者准备舒适的椅子或沙发，最好有靠背，但不宜太软太深，以坐在其上自然挺直腰背最适合，这样的姿势有利于放松的同时保持一定的神经兴奋性，而且挺直腰背能让气脉通畅，也便于音声疗愈时的发声。不宜让来访者躺着接受催眠，容易过分放松而睡着。

五、音声疗愈催眠的一般程序

基于音声疗愈催眠的疗愈理念，在临床实践中，疗愈师可以结合运用催眠、音乐治疗和音声疗愈的影响方式综合对来访者进行疗愈，在疗愈形式上更加灵活，在素材选择上更加丰富多样，根据来访者的需求和疗愈师自身的特长、兴趣倾向来灵活组合、运用不同的方法技巧。

音声疗愈催眠的一般程序，也可以参考科学催眠的程序来开展进行，只是深化阶段和干预治疗往往没有绝对的区分。因为音声疗愈催眠不再强调针对症状采取不同形式的暗示进行刻意的干预，而只需要通过深化催眠状态来促进来访者神经系统的活化，提升其生命能量，即可实现疗愈效果。

（一）催眠前谈话

在催眠前谈话的阶段，疗愈师的主要任务仍然是了解来访者希望达到的目标或渴望发生的变化，收集有关来访者的年龄、民族、职业、教育背景、兴趣爱好、能力特长、婚姻状况、宗教信仰、以往的经历等信息，初步判断来访者的问题是否适合采用音声疗愈催眠技术来解决。每个人的年龄阶段、心境、情绪状态等，对其选择、感受音声的倾向都有重要的影响，所以一个人对不同音声的感受性、喜好倾向、想象画面，可以投射出其心境状态和心理情结。疗愈师在这个阶段可以以此对来访者的特点、问题性质做出进一步的评估，在疗愈后也可以根据其对不同素材的接受程度变化，进一步评估疗愈的效果。

另外，本阶段一个重要的目标仍然是要与来访者建立和谐信任的关系，这是后续疗愈工作取得成效的前提条件。不同于传统咨询或催眠治疗的是，疗愈师不仅可以通过沟通交谈来与来访者建立关系，还可以通过欣赏各自/共同爱好的音乐、乐器、声音，用音声在疗愈师和来访者之间搭起一条沟通桥梁，有助于绕开某些来访者的阻抗和对催眠的恐惧心理（特别是青少年群体），快速建立放松、信任的咨访关系。当然，在这个过程中，疗愈师自身能否不带批判地充分包容、接纳来访者的音声取向则是实现效果的前提条件。

疗愈师还需要向来访者介绍疗愈理念，达成一致的工作目标。因为很多来访者都会怀着对疗愈师过高的依赖和期待前来求助，希望疗愈师提供解决问题的具体办法，指导他们走出痛苦的困境，但这并不符合疗愈师的疗愈理念。疗愈师必须提前向来访者解释说明自己并非为其提供具体的解决办法，而是通过各种疗愈手段激活其潜意识能量，提升生命力和人格力量，从而让他自己有更强的能力应对和处理问题，有更好的自我调节能力。这样的方式，才是对其更根本的帮助，减少其对疗愈师的依赖。如果来访者接受了疗愈师的疗愈理念，疗愈才能往下进行。

（二）诱导阶段

此阶段的主要任务是通过系列互动，促使来访者产生专注体验和意识状态的改变；用各种诱导方法给来访者加载信息，引发恍惚状态，从而逐步导入更深的催眠状态，打开潜意识的大门。

为了达到以上目标，疗愈师首先仍然需要通过暗示感受性测试，了解来访者的感受性特征，从而判断其更适合以传统催眠方式为主还是以音声疗愈为主。对于这个评估,疗愈师需要综合考虑来访者的多方面特质来进行判断。例如:对于躯体感受性较强且对传统催眠比较容易接受的来访者,疗愈师可以直接运用催眠技术帮助他开启潜意识,实现疗愈效果;而对于以情绪型暗示感受性为主或者对音声比较敏感的听觉型来访者,疗愈师可以运用音声疗愈技术为主来进行疗愈。在更多的情况下,疗愈师在这个阶段仍然先以前面介绍过的传统催眠的暗示感受性测试来进行评估,这些测试已经有比较成熟的评估标准,方便疗愈师取得比较明确的判断结果。

在诱导来访者进入催眠状态的过程中,疗愈师除了可以选择前述的各种催眠诱导技术之外,对于那些对传统催眠诱导方式比较排斥或感受性较低、比较僵化的来访者,还可以结合音声疗愈的技术来导入。例如:和他一起聆听不同情绪状态的音乐,或感受颂钵等的音声,结合多种方式进行评估,了解其对音声的感受性;还可以通过他聆听过程中的意象来进一步判断其潜意识状态,同时也可以更快速地带动他进入身心深度放松的催眠状态。

(三)深化和激活阶段

这是音声疗愈催眠区别于传统催眠,最集中体现疗愈理念的一个重要阶段。本阶段要让来访者进入更深的催眠状态,让其意识更加放松,潜意识更加敞开并维持在那个状态当中。但深化的目标不再是让其更有效地接受暗示,而是通过语言或音声等形式的信息加载,开启其潜意识的大门,从而让潜意识中压抑的生命能量得到活化,从而提升人格力量。

具体的操作方式:疗愈师可以根据前面评估的来访者的感受性特征,选择运用前面介绍过的传统催眠中的各种深化技术,或者运用前面介绍过的各类音声疗愈技术,还可以是这两类技术的灵活结合运用。

例如,疗愈师可以用营造紧张情绪和更深度放松的音声交替的方式,带动来访者的情绪紧张—放松相互交替,从而起到反复交替刺激其交感/副交感神经系统的作用,促进其神经系统的活化,同时也有助于激活其情绪感受性。

又如,对于某些长期处于僵化、紧张状态的来访者,疗愈师可以在渐进式放松阶段,结合运用符合来访者审美倾向的大自然音乐、白噪声来辅助其更好地进入放松状态,同时也能训练提升其想象力。有时候,在这样的渐进式放松中,来访者会出现一些意象,从而帮助疗愈师对其潜意识状态有更多的理解和进一步分析。

对于某些遭受创伤后处于应激障碍,或在某个创伤中能量被压抑而影响身心健康的来访者,疗愈师除了传统催眠中的语言引导之外,还可以结合运用某些场景类的音乐或结合音乐剧的技术,引导来访者更深地进入某个形成创伤情结的场景,帮助其在催眠状态下再次经历、重建成长经历,处理情结,释放情绪能量,实现疗愈。

具体的结合运用方式还有很多,这里我们先做初步了解,待高阶课程中再一一分类讲述。

(四)唤醒阶段

唤醒阶段是要把来访者带回清醒的意识状态。音声疗愈催眠同样也非常注重在催眠后对来访者进行充分的唤醒,将其带回意识清醒的生活状态中,避免催眠疗愈过程对其日常生活造成干扰、影响。同样,这个过程可以由疗愈师主导,也可以由来访者自己主控;还可以在唤醒前后加入一些能给他补充能量的音声素材,促进其身体、细胞和谐共振。

思考题

1. 音声疗愈催眠和传统催眠技术、音声疗愈技术有何区别? 有何优势?

2. 音声疗愈催眠技术不针对症状给予暗示,是如何达到疗愈效果的?

3. 作为一名初入门的疗愈师,你认为学习、运用音声疗愈催眠会给自己带来什么好处和难点?

4. 自我感受练习:选取一种本章介绍的音声疗愈催眠技术,或者自创一种运用在某个疗愈阶段的音声疗愈催眠组合技术,与同学互相进行实操练习,去觉察你的真实体验和感受。

第四章　音声疗愈催眠师的职业发展

第一节　音声疗愈催眠师的素质要求

音声疗愈催眠是一门通过技术整合而来的新技术，在人们眼中，只要有一定身、心、灵疗愈的形式，就可能被认为有一定的宗教味道、神秘的感觉。它作为一个科学助人的行业，还处于萌芽起步的阶段，缺乏标准认证和社会公认。正因为如此，音声疗愈催眠师（简称疗愈师）在做这项工作时，更需要以严谨、认真、专业的态度，科学化、标准化地进行每一个操作，并做好一定的自我保护措施，才能让自己的职业发展之路更顺利畅行，稳步提升。在做好自己本职工作的基础上，只要我们不断宣传、推广这样的疗愈理念，我们的职业之路也必然会越来越顺畅，越来越宽广！

技术推广难体现在音乐治疗作为一门临床应用性的技术，需要音乐治疗师有一定的音乐能力才能更好地实施各种临床技术。毕竟音乐治疗师的音乐治疗过程是要依赖聆听、歌曲、器乐、律动等音乐手段的，这就像医生调配药物处方的能力（虽然音乐并不是药物本身），音乐治疗师应该对各种音乐手段的临床功效与治疗目标的相关性有敏锐的洞察力。虽然少数音乐治疗的临床技术对音乐治疗师的音乐能力要求并不会太高，但大部分音乐治疗临床技术的施展与实施还是依赖于一定的音乐能力。

如果缺乏一定程度的音乐能力，在临床上就会局限于单一的放音乐、听音乐，然后就幻想有一个包治百病的“音乐曲目清单”或是“音乐曲库”，最终肯定导致音乐治疗技术在临床过程中所发挥的效度大打折扣。所以对于一名音乐治疗师来说，不能说音乐能力好就意味着临床技术一定好。

一、音声疗愈催眠师的基本素质

音声疗愈催眠是一门多学科交叉的新兴应用型学科，音声疗愈催眠师既要掌握相关的心理学、临床催眠方面的相关知识，对相关音声疗愈技术方面有所了解，也要锻炼提升自身的人格稳定性，对潜意识、情绪情感的敏感度。归纳下来，音声疗愈催眠师有以下几个方面的素养要求。

（一）掌握心理学、精神病学的基础知识及评估技术

音声疗愈催眠师要帮助来访者实现疗愈，必定需要面对其各种身心交互症状，首先

必须根据医学、心理学、心理咨询、变态心理学方面的基础理论知识，对其问题的本质有所认识，而不是停留于表象。同时音声疗愈催眠师还要具备基本的心理行为评估能力，学会使用一些评估工具来辅助自己做好来访者问题的评估、诊断工作。这样音声疗愈催眠师才能更准确地把握来访者需要处理的问题及其拥有的资源，从而更有针对性地制定相关治疗方案和目标。

一方面，音声疗愈催眠师要通过来访者相关症状特别是其认知、情绪及行为特点，区分是正常还是非正常，是健康还是非健康（一般心理问题、严重心理问题、疑似神经症等）。首先音声疗愈催眠师要了解清楚其生理情况，是否存在器质性病变，如情绪障碍是否由某种脑损伤引起？这一般需要借助权威医疗机构的诊断来确定。如确诊存在生理原因，则需要先进行针对性的医学处理，或者在医学处理的同时配合疗愈。排除了来访者问题的生理原因之后，音声疗愈催眠师需要进一步对其认知、情绪、精神状态等心理因素进行评估，了解其心理健康状况和引发其心理问题的原因及严重程度。音声疗愈催眠师还要对来访者的社会适应能力、生活能力、职业/学业水平、社会支持系统等因素进行考察评估，以更全面立体地理解来访者面临的问题及其原因。

另一方面，音声疗愈催眠师也要针对这些具体情况来制定更适合来访者的疗愈方案。因为同样的音声疗愈技术，对于不用年龄、职业/学业水平的人，使用的效果都会存在很大差异，甚至有时候会受来访者个人情况的限制、影响。譬如，让一个高学历的企业高管做母音发声练习，一开始往往就无法进行，因为他的“文化禁锢”让他可以欣赏高雅音乐，却无法放松地发出“奇怪”的声音，这类情况需要更多的催眠导入、音乐放松诱导。又譬如，对于一位患有心脑血管疾病的老年人来说，音声疗愈催眠师在疗愈中要注意慎用激昂的音乐或者鼓音，因为这些音声都易于提振心情，使血压升高，对这类来访者存在一定安全风险。

音声疗愈催眠师可以借助一些专业评估问卷进行一系列的评估，如心理健康症状自评量表（SCL-90）、Rutter 儿童行为问卷、Beck 抑郁问卷、焦虑自评量表（SAS）、艾森克人格问卷（成人/儿童版）等。这些标准化的评估工具都经过了大量常模数据的验证分析，准确度高，对于疗愈师特别是新手疗愈师来说，在评估时借助这些量表、问卷，可以保证考察更全面。

需要注意的是，有些标准化评估工具有一定的标准化操作要求，在评估过程中需要严格把控问卷的方式、语音语调和时间节奏等细节，必须经过专业的操作技术培训才能给来访者进行评估。音声疗愈催眠师不能拿到工具就随意使用，否则会使评估结果出现相当大的偏差，最好让来访者到专业机构或医院进行相关评估，再把结果提供给自己即可。如果自己评估，一定要注意问卷的结果只是一个依据，具体的要结合面谈的情况。音声疗愈催眠师在前期资料数据收集中，还要加上关于来访者音乐喜好、音乐学习背景方面的了解，因为这些对于后续进行的音声疗愈来说都有重要的影响。

运用工具不能单纯依赖于工具，因为问卷、量表一般都是依赖来访者或其家属的自述、汇报，信息可能存在出入。我们可以通过观察、访谈、投射测试等方式，更客观准确地了解情况。例如，在催眠技术中，可以通过暗示感受性测试来了解来访者信息接收处理模式；在音声技术中，来访者对某些音乐、声音的感受及意象反馈也能投射出其潜意识状况。这些技术，需要在充分掌握心理学知识的基础上，通过不断的经验积累才能逐步熟练、灵活、精准地运用。新手疗愈师切忌滥用，通过一两次访谈、简单的观察就给来访者贴上某种“标签”，因为这很容易掺杂疗愈师的主观因素，大大干扰了后续的疗愈方向，影响了疗愈效果。无论是新手还是资深的疗愈师，都要抱着客观的态度，观察现象、小心假设、持续验证，有需要时进行再次评估，确认或调整方向，只有如此，才能做到对来访者不加评判的陪伴。

综上所述，音声疗愈催眠师在面对一位全新的来访者时，需要进行评估以确认其问题，并初步判断是否适合疗愈及适合以何种技术进行疗愈。这个操作过程对于个体咨询和团体咨询/工作坊来说有所不同。个体咨询的疗愈更有针对性、更细致深入，并在疗愈咨询过程中不断完善和调整；而团体咨询更注重共性的探察及对整体疗愈方向的把控。但在团体疗愈中，音声疗愈催眠师同样需要注重每位被疗愈者的基本情况评估，这可以通过工作坊前的问卷调查、自评量表和签订承诺书等方式来操作。

（二）掌握音声疗愈技术

专业的音声疗愈催眠师必须具备音乐和催眠两方面的知识与技能，疗愈临床技术掌握程度是衡量其职业能力水平的核心。运用音声疗愈技术进行催眠疗愈，是音声疗愈催眠师与传统心理咨询师和催眠师的最主要区别。只有在熟练掌握了一种或几种音声疗愈的技术，并积累了一定的实践经验之后，音声疗愈催眠师才能在疗愈中针对实际需要，选用适当的音声素材，达到疗愈目标。

音声疗愈是运用音乐、乐器、声音或者自身发声 3 种素材来开展疗愈的技术，而根据来访者的具体情况和需要，如何科学地选用素材和相应技术，决定了音声疗愈催眠的效果。这涉及专业音声疗愈催眠师的音乐水准与催眠治疗水平，素材的科学选用，既可根据某类情况运用相应的音声素材，也可针对来访者的不同状态选用不同的素材。最好是能综合应用多种音声素材，做到科学化、体系化的音声疗愈催眠。音声疗愈催眠并不是简单地给来访者播放一些轻松美妙的音乐，让痛苦的情绪得到暂时缓解。相反，音声疗愈催眠师会使用大量抑郁、悲伤、痛苦、愤怒和充满矛盾情感的音乐来激发来访者的各种情绪体验，帮助其尽可能地把消极情绪发泄出来。当消极的情绪发泄到一定程度时，人的内心深处的积极的力量就会开始抬头，这时音声疗愈催眠师就可以逐渐使用积极的音乐，以支持和强化来访者内心的积极的情绪力量，最终帮助其摆脱痛苦和困境。

要做到准确地把握和安排素材和技术，就需要结合上述心理学、精神病学的基础来决策。

（三）具备一定的人格特点

1. 对“人”的好奇和敏感：知己知彼，才能走进来访者的世界　音声疗愈催眠师要清楚自身角色，作为疗愈师，并非帮人们解决问题的“智者”，工作对象是“人”而非“事件”。

音声疗愈催眠师首先要对“人”感兴趣，如果自身都是一个不喜欢人际交往，活在自己世界中的人，则可能在从事这个工作过程中会很痛苦，特别是当音声疗愈催眠师面对一些超越社会道德标准的边缘人群（如罪犯、暴力倾向者、同性恋者等）时，就很难保持开放接纳的态度，反而可能在从业过程中耗竭自己的心力。

只有音声疗愈催眠师发自内心地去尊重并关注每一位来访者，才能从一件件尘俗的事件中，通过来访者极细微的语音语调、眼神、动作中，看到他这个“人”，穿他的“鞋”和他一起走在他的人生路上。所以，疗愈师首先需要对来访者有足够的兴趣和敏感，能放下批判，耐心地感受对方的情绪。

与此同时，疗愈师还不能过分卷入来访者的困境中，在走进来访者世界的同时，敏锐地觉察自身内在的变化，保持专业角色感，保持价值的中立，这需要疗愈师对自己有着足够的敏感，也就是充分而深入的自我认知。

2. 自我成长力：能不断自我反思、觉察，及时寻找支持，并进行学习提升　疗愈师也必然存在自身的不足，不可能要求自己达至完美，但不能不完美而不自知。所以，疗愈师需要培养自身内省、觉察的能力，及时清晰地发现自己的盲区、误区，才不会因此影响了疗愈的开展方向和目标，甚至给来访者造成二次伤害。

在觉察到自身存在某些盲区、误区或者情结，影响疗愈开展时，疗愈师首先可以寻求有经验有资质的督导师给自己进行督导，帮助自己看清问题，厘清思路；如果还是有所影响，则需要果断转介个案。

在发现自己对技术的掌握不足或者知识欠缺时，疗愈师首先要接纳自己的局限。每种技术都可能在应用实践过程中出现问题，也有可能出现技术与来访者情况不匹配的问题，这些都需要疗愈师不断深入学习、研究、提升，才能日臻完善。所以疗愈师要善于在实践过程中发现问题、面对问题、解决问题。

3. 人格的稳定性、成长性：能守好界限，有所为有所不为　无论是传统的心理咨询还是音声疗愈催眠，都不是万能的技术，不可能包治百病，但却都非常讲究来访者对疗愈师的信任程度。在足够信任的情况下，来访者容易把音声疗愈催眠师当成万能的，寄希望于疗愈师能帮其解决面临的一切困境和问题。所以，音声疗愈催眠师千万不能被来访者的这种托付心态“催眠”了，此时更加需要明确专业角色和能力界限，对于自己力所不能及的事情，要及时澄清、说明，以防给来访者带来虚假的期待，也防止让自己在疗愈过程中陷入更大的无力感中。

一方面，某些来访者并不适合音声疗愈催眠，或者对其进行疗愈时会存在较大的临床风险。遇到这种情况，音声疗愈催眠师要在做好前期评估的基础上及时转介到适合他的机构。例如，精神分裂症患者如果寄希望于音声疗愈催眠而拒绝就医或用药治疗，音声疗愈催眠师一定要明确限制，帮助他或家人了解音声疗愈催眠只能在用药控制的前提下辅助治疗，协助稳定病情。如果他拒绝服药，音声疗愈催眠也不能给他提供辅助治疗。

另一方面，有些来访者的情况虽然适合音声疗愈催眠，但疗愈师本人感觉还没有足够能力处理好来访者的问题，也是需要敏锐的自我觉察和及时的转介。必须承认，音声疗愈催眠师也是有血有肉的人，是人就有自己的限制，这可能来自以下几种情况。

（1）专业水平的不足：例如面对抑郁症来访者，疗愈师对抑郁症认识甚少。

（2）生活经历、人生体验的欠缺：例如面对婚姻咨询来访者，疗愈师自身还没有谈过恋爱，对婚姻咨询领域没有任何亲身体验，疗愈中也会显得纸上谈兵，空洞无物。

（3）自身价值取向的影响：例如面对同性恋来访者，而疗愈师自身对同性恋行为很反感。

(4)自身未完成情结的影响:例如疗愈师本身在成长过程中由于父母离婚带来巨大创伤,未充分疗愈,形成了未完成情结,面对准备离婚的来访者,便可能触发自身情结,在疗愈中难以保持价值中立。

可见,疗愈师的专业道路是一条不断学习、自我成长的漫长道路。我们不能奢望自己成长到完美之后才开始从业,那是不可能的;同时也不能满足于现阶段的成绩和能力便停止成长。关键还是,无论处于何种阶段,我们都需要清晰了解自身的限制,有所为有所不为,遇到力所不能及的个案,要及时转介。

4. 对当事人状态的敏感度　在任何疗愈中,来访者的综合状态调控是第一要务。来访者情况不同,对音声素材的敏感度不同,对音声的理解力与接受力不同,个人的人生经历、文化修养不同,在疗愈中所取得的效果亦不同。在音声疗愈中,疗愈师需要充分了解疗愈对象的综合状态,开展有针对性、适当的疗愈方式,这很重要。

综上所述,音声疗愈催眠需要由专业的疗愈师来负责实施,根据来访者的情况所需进行支持和辅助。在这个过程中,音声技术和心理学基础缺一不可。如果只有心理学知识,那只是一般的心理老师或者心理专家;如果只有音声技术,则只是一名音乐老师或者音乐家,都不能充分发挥音声疗愈催眠技术的优势。在此基础上,疗愈师结合自己稳定而有度的人格特质及把控能力,才能在音声疗愈催眠的路上走得更远更广!

二、音声疗愈催眠师的职业道德修养

除了必须遵守国家相关法律法规外,音声疗愈催眠师还要恪守职业道德。中国心理学会制定的《临床与咨询工作伦理守则》中对心理治疗师/咨询师的要求同样适用于音声疗愈催眠师,相关人员必须严格遵守。

(一)必须尊重来访者的需要和价值观

来访者并非受骗者,一般不会跟随与自己价值观不一致的指令。强迫来访者做其不愿做的事情往往会将其带出催眠状态。一般说来,这种企图会使来访者不再信任音声疗愈催眠师,并对其感到愤怒,不但会严重破坏治疗关系,也是职业道德所不允许的。

音声疗愈催眠师对来访者发出的种种暗示,必须是合理的,而非荒谬的;必须是善意的,而非恶意的;必须是积极的,而非消极的。切勿使用有损来访者人格、名誉和身心健康的暗示语。

当代催眠大师艾瑞克森反复强调对来访者和患者的尊重,绝不可以为了个人需要或自己的利益而操纵和控制来访者。他曾明确指出:来访者需要时刻作为拥有权利和隐私的个体而受到保护,而且还要意识到自己已经被置于催眠情境中一个看似脆弱的位置上。

不管来访者多么聪明博学,总会有个一般性的疑问(无论被意识到与否),即在催眠中会发生什么,或者什么可以说、可以做,什么不可以说、不可以做。即使那些已经打消所有顾虑并能够对音声疗愈催眠师自由表达的来访者也都表示需要保护自我,在缺点暴露之后,无论当时多么自如,都希望尽快离开。无论在清醒状态还是催眠状态,都应该给予来访者这种保护。在清醒状态下最好用间接的方式,而在催眠状态下则可以更直接一些。

剥夺来访者的这种受尊重权利就意味着失败,就是没有将他当作一个有自觉力的人来看待。这种失败会影响催眠治疗的效果,因为来访者可能会感觉到他的努力没有得到赞赏,而且可能会导致合作能力的下降。

音声疗愈催眠师的行为总是会影响别人,从这个意义上说来,所有的催眠和治疗行为都是在操纵。因为音声疗愈催眠师与来访者交流的目的,就是要改变他的行为。这里的关键在于催眠动机是否一切从来访者的福祉出发,音声疗愈催眠师所做的一切是否都有助于来访者的健康成长。

最后需要指出的是,催眠的指令必须因人而异,要考虑来访者的理解能力,对于文化程度较低的人给予的暗示指令要通俗易懂,对于文化程度较高者用语则要文雅,但也不可矫揉造作、卖弄辞藻。

（二）必须恪守职业道德和相关法律

在国内外利用催眠术骗人钱财或实施性侵犯的案例时有发生,即使本人受到法律制裁,也同样会败坏整个催眠行业的信誉。

音声疗愈催眠师要遵守《中华人民共和国精神卫生法》,同时应该遵守 2018 年中国心理学会颁布的《中国心理学会临床与咨询心理学工作伦理守则(第二版)》。

《中华人民共和国精神卫生法》第二十三条指出:心理咨询人员应当尊重接受咨询人员的隐私,并为其保守秘密。保护来访者和当事人的隐私,是所有助人行业的共同行为准则。除来访者有危害社会、伤害他人或自杀、自残行为,或司法工作需要(依照相关法律执行)外,不得泄露来访者个人秘密和有关信息。在讲课、著书或写文章引用案例时必须经过技术处理,以防暴露当事人身份。

在催眠状态下,来访者的心理防御机制解除或减弱,更容易将内心深处的秘密和隐私暴露无遗,对音声疗愈催眠师的保密要求更高,绝不可将其作为茶余饭后的谈资在亲友面前炫耀,更不可以此要挟来访者达到个人不可告人的目的。

音声疗愈催眠师不要有门户之见。要认识到没有任何一种方法是万能的,没有任何一种技术可以适用于所有来访者。单纯依赖催眠并不能保证全面和长久的治疗效果,一定要与其他各种治疗方法相互配合、相互补充。对其他治疗方法和不同催眠学派不要有门户之见,不要抬高自己、否定别人。

不但催眠治疗,就是在电视或舞台上的催眠秀,也要讲职业道德,不能为赢利或吸引眼球,进行一些庸俗和不健康的表演,既误导大众,又败坏催眠的信誉。美国催眠大师奥蒙德·麦吉尔在《新舞台催眠百科全书》(*New Encyclopedia of Stage Hypnotism*)中明确指出:舞台演示催眠必须适当,不但要提供高品质的娱乐效果,还应强调医学和学术上的成果,将催眠科学提升到艺术的境界。

（三）规避催眠师的职业风险

从事催眠工作是有一定风险的,为了规避职业风险,音声疗愈催眠师需要注意以下几个方面。

首先，如果音声疗愈催眠师没有执业医师资格，不要开催眠诊所对心理和身体疾病做治疗，只能为普通人或企事业单位开展催眠服务工作，或将催眠作为心理咨询的一种方法技术来使用，若做治疗则需要与专业医生合作进行。

其次，要对催眠对象有所筛选，剔除不适合的受术者。一般说来，脑神经受损或严重精神病患者，正在受酒精、毒品或其他化学药品影响的人，以及极端抗拒者，均不适合作为催眠对象。

当催眠术取得比较好的效果时，一些来访者可能对音声疗愈催眠师产生依赖或移情，把其看作父母、朋友或情人。音声疗愈催眠师一定要立场坚定，恪守职业道德，不能与来访者建立工作之外的关系。

有时，医生或心理治疗师可能被个别寡廉鲜耻或别有用心的人诬告性骚扰，特别是催眠师更容易遭受这方面的危机而被勒索。为了避免这种麻烦，不要轻易地碰触来访者身体，除非他们知道并且同意催眠师这样做。通常，在为异性做催眠时，可请来访者带个伙伴一起进入催眠室作为见证人，必要时还应录像存证，这是音声疗愈催眠师自保的最有效方法。

最好准备一个录音机，当音声疗愈催眠师发现来访者对自己产生移情或性侵害的幻想时，立刻打开录音机，告诉来访者为了日后查询必须录音。若来访者在催眠中表现出性反应，可用缓和的语气说："保持冷静，放松，安宁，平和。"在来访者安静下来之前，不要给予任何催眠建议。若问题依然不能解决，必须请其他人（最好是来访者的亲人）在场，或将来访者转介给其他疗愈师。

为了减少风险，催眠前要了解来访者的病史，对于有心脏病或高血压的患者，一定要避免突然宣告令人震惊的事（如某人死亡或重伤等）；年龄回溯常会引起很多情绪的爆发，因此使用时必须谨慎小心；绝不要在催眠中突然激发或改变来访者的情绪。有些舞台催眠师为了娱乐观众而让人忽悲忽喜，可能对受术者造成心理伤害。

若发现癔症患者在催眠中头开始慢慢地、有韵律地转圈，或突然莫名其妙地笑，或不能控制地哭，必须立刻处理。可轻轻拍打头部，碰触前额，让其安静、放松。若头部转动停止，可继续完成当次的催眠。若头又开始转动，再使其平静，然后唤醒，别再催眠。

另外，在催眠过程中还要防止对来访者身体造成伤害。必须认识到，在清醒时会造成伤害的，在催眠状态也是一样。千万不要相信催眠时可以不怕热、火焰或重压，催眠无法使人增加身体对外来伤害的抵抗力。

当然，催眠最大的风险还是来自不称职的疗愈师。音声疗愈催眠师必须受过系统的专业训练，只受过催眠基础训练者应避免处理情绪创伤的问题或有严重身体/心理疾病的患者。音声疗愈催眠师必须有自知之明，了解自己擅长的领域，以及自己能力的局限。

在西方国家，催眠师在注册取得专业资格时，通常要宣誓遵守催眠师的道德规范。下面列出一段常见誓词，请各位铭记在心。

催眠师誓词

我×××谨以至诚，郑重宣誓：我决心认真学习催眠，助人助己，绝对不用来从事不道德与犯罪行为，永远以求助者的利益为第一考虑，不为个人谋取私利。我一定努力训练自省的能力，随时观照自己的言行，随时修正自己，发现自己的问题就努力处理，把自我人格修整得光明澄澈。我要努力提高洞察真相的能力，帮助人看清内心缠绕的葛藤，运用积极的语言和正能量，引导人与人互动顺畅，使内心更和谐，使生活更幸福。

第二节 音声疗愈催眠初学者的操作要领

一、挑选适合的工作对象

求助者就是音声疗愈催眠的实施对象，是音声疗愈催眠的核心要素之一。

一般来说，所有人都能被催眠，所有人对音乐都有情感反应，也都能感受声音振动带给身体的影响，只是不同个体的反应模式、程度不一样而已。但并不是所有来访者所遇到的问题都适合运用音声疗愈催眠。特别对于初学者来说，适当挑选较容易起效的工作对象，是保护自己、增强从业信心的重要事项。

1. 社会支持系统严重缺乏的来访者　心理咨询和心灵疗愈工作的起效，不只需要疗愈师个人的力量，更需要来访者自身的社会支持系统（即能支持来访者成长的家人、朋友或学校、社区工作者等）的共同配合，否则，治疗进程相对较慢、较曲折。对于初学者来说，建议先选择具有良好社会支持系统的来访者开展工作，积累经验，建立从业信心。

2. 家庭系统问题深重的来访者　这类情况的来访者，问题根源往往很深，且涉及整个家族的一些问题，其疗愈成长是一个较漫长的过程，需要疗愈师自身有足够的能量，并投入较大精力和耐性去支持、陪伴，才能取得理想效果。建议初学者最好将此类来访者转介给较资深的疗愈师。

二、行业现状及对音声疗愈催眠师的提醒

音声的疗愈方式，其实无论在国内还是国外，都是从古代就存在并流传至今，特别是出现在各种古老的宗教仪式中。而作为科学探索的音声疗愈，则是在20世纪后期才在欧美地区兴起，并在很多医学、物理学的探索中不断丰富，推广普及开来，但在我们国内的普及率并不高，真正了解、接受过音声疗愈的人不多。而催眠技术，现在在社会上也良莠不齐，特别是很多为了炫技而演示催眠“神奇效果”的催眠师，大大影响了民众对催眠疗愈的接纳度。虽然很多人对催眠很好奇，但为疗愈而求助的来访者多是谈催眠色变，怕被催眠师控制而失去自我。

此外，身、心、灵疗愈行业现在还没有明确的标准，纵观世界范围，从业人员普遍并不需要经过一定时间的专业训练、实践才能持证上岗，也没有哪个权威认证机构能发出“音声疗愈师”的执照。虽然美国有协会发出相关执照，但也是只要会员缴纳会费就能给予认证，这种认证的参考价值、权威性不大。所以，很多人因为自己有一些丰富的人生经历，或喜欢音乐及身、心、灵领域，或有某方面的天分，在学习过某一种疗愈技术后就开始从事疗愈工作，甚至不乏声称“大师”“上师”者。这让现在的行业鱼龙混杂，对于初学者来说，既是“危”也是“机”。大家可以把握机会，多学多练，同时也要了解实践中可能的危险性，严守自己的界限，在力所能及的范围内协助来访者，严谨把握每个技术细节，这对自己和对来访者都是一种保护。

三、在来访者适宜的状况下工作

当来访者出现以下身体或情绪状况时，应该让其先进行调整，不宜勉强开展工作：①身体明显不适或疼痛；②身体湿冷或有发热状况；③身体疲倦，昏昏欲睡；④在酒精、药物或毒品影响下，极度兴奋或低落的状态。

四、来访者超出预期反应的应对策略

在实践中，我们会发现，并非所有来访者都会按照我们预期的方向对音声催眠做出反应。实际情况是，来访者的反应经常会与我们的期望相距甚远，他可能毫无反应，也可能表现出抗拒、反感等。而面对来访者时，疗愈师如何看待、如何应对这样的情况就显得尤为重要！

首先，看待来访者这些超出我们预期的反应，很多人倾向于简单地认为是来访者的“不配合”，而这样的角度对我们解决问题，把疗愈引向进展的方向是毫无意义的。只要我们积极从疗愈师和来访者双方面共同寻找原因，并着重关注于我们能把控、调整的部分，才会对工作的进展有所助益。我们可以从以下几个方面寻找问题。

1. 双方未充分建立安全、信赖的关系　疗愈师的个人形象及语言或非语言表达的信息，是否充分传递出亲和力和可信感，这需要疗愈师重新通过来访者的微语言信息去觉察，审视双方的关系，发现问题所在，并进行必要的修补。如果觉察到关系无法有效建立，则需要及时做出个案转介的处理。

2. 来访者对催眠的误解、担忧或恐惧　这是因为疗愈师没有充分讲解，未帮助来访者去除不必要的担忧。这需要疗愈师敏锐觉察来访者的情绪反应，如有需要，应重新说明、讲解音声催眠对其问题的疗愈价值。这点在催眠前沟通谈话的部分已做详细讲解，此外不再赘述。

3. 文化背景的影响　对某些音声的刻板印象，可能让来访者对疗愈师运用的音声素材产生某种认知，从而阻碍来访者全身心自然地投入催眠疗愈过程中。例如，如果使用音乐，可能带有某个年代的背景；如果使用单音吟诵，可能带有宗教味道。这些都可能影响来访者的感受，需要疗愈师综合考虑后做出选择，并充分引导来访者尽力不带评判地感受音声本身带给自己的振动、共鸣。

4. 来访者对疗愈目标的潜意识阻抗　即使是来访者自己提出迫切需求，或者疗愈师与来访者共同探讨确定疗愈目标，由于其现实问题源于意识和潜意识之间的冲突，所以仍有可能在疗愈过程中因潜意识的阻抗而影响了疗愈的进程。当疗愈师敏锐觉察到这个情况时，首先要理解，来访者潜意识的应对模式比其应对内在世界的矛盾有价值，或者是某个角度的自我保护机制，它的存在有其意义和价值。来访者不是拒绝接受影响，而只是暂时没办法接受影响和改变。因此，疗愈师需要充分允许其旧有模式、内在冲突的存在，在此基础上，进一步表达爱与接纳，调整疗愈的手段、方式，或者发挥音声疗愈"绕过思维，直达身体"的影响特点，去持续影响其潜意识，放大、强化疗愈目标带给来访者的积极感受，阻抗就会逐步减少、消失。

在各种因素的综合影响下，在临床环境中疗愈师希望来访者无条件地按照自己期待的方向做出反应，这完全是错误的期待。真正有效的疗愈是充分调动来访者能动性去参与，双方共同实现疗愈目标才是最重要的。疗愈师做出反应的核心宗旨在于，以接纳、不对抗的态度来对待这些"意想不到"的反应，这需要我们全然地接纳和尊重来访者，真正融入他的世界中，体验其处境、感受；具有高度的灵活性——可以掌握多种不同的诱导方式、丰富的音声素材来开展疗愈。这种能力不可能一蹴而就，建立在丰富的实践经验基础上。在经验还不足以支撑我们灵活变换素材和诱导方式的时候，最有效应对这种情况的方法便是肯定甚至赞扬来访者出现的反应，鼓励其自主性。

思考题

假如你要从事音声疗愈催眠的工作，对照本章介绍的从业素质要求，你有哪些基础和优势？又有哪些方面需要继续学习和成长？

附　录

中国心理学会临床与咨询心理学工作伦理守则(第二版)

(2018年2月)

《中国心理学会临床与咨询心理学工作伦理守则(第二版)》(以下简称《守则》)和《中国心理学会临床与咨询心理学专业机构和专业人员注册标准》(第二版)由中国心理学会授权临床心理学注册工作委员会在《中国心理学会临床与咨询心理学工作伦理守则》(第一版,2007)和《中国心理学会临床与咨询心理学专业机构和专业人员注册标准》(第一版,2007)基础上修订。

制定本《守则》旨在揭示临床与咨询心理学服务工作具有教育性、科学性与专业性,促使心理师、寻求专业服务者及广大民众了解本领域专业伦理的核心理念和专业责任,以保证和提升专业服务的水准,保障寻求专业服务者和心理师的权益,提升民众心理健康水平,促进和谐社会发展。本《守则》亦作为本学会临床与咨询心理学注册心理师的专业伦理规范及本学会处理有关临床与咨询心理学专业伦理投诉的主要依据和工作基础。

总　则

善行:心理师的工作目的是使寻求专业服务者从其专业服务中获益。心理师应保障寻求专业服务者的权利,努力使其得到适当的服务并避免伤害。

责任:心理师应保持其服务工作的专业水准,认清自己的专业、伦理及法律责任,维护专业信誉,并承担相应的社会责任。

诚信:心理师在工作中应做到诚实守信,在临床实践、研究及发表、教学工作及各类媒体的宣传推广中保持真实性。

公正:心理师应公平、公正地对待专业相关的工作及人员,采取谨慎的态度防止自己潜在的偏见、能力局限、技术限制等导致的不适当行为。

尊重:心理师应尊重每位寻求专业服务者,尊重其隐私权、保密性和自我决定的权利。

1. **专业关系**

心理师应按照专业的伦理规范与寻求专业服务者建立良好的专业工作关系。这种工作关系应以促进寻求专业服务者成长和发展、从而增进其利益和福祉为目的。

1.1 心理师应公正对待寻求专业服务者，不得因其年龄、性别、种族、性取向、宗教信仰和政治立场、文化水平、身体状况、社会经济状况等因素歧视对方。

1.2 心理师应充分尊重和维护寻求专业服务者的权利，促进其福祉；应当避免伤害寻求专业服务者、学生或研究被试。如果伤害可预见，心理师应在对方知情同意的前提下尽可能避免，或将伤害最小化；如果伤害不可避免或无法预见，心理师应尽力使伤害程度降至最低，或在事后设法补救。

1.3 心理师应依照当地政府要求或本单位规定恰当地收取专业服务费用。心理师在进入专业工作关系之前，要向寻求专业服务者清楚地介绍和解释其服务收费情况。

1.4 心理师不得以收受实物、获得劳务服务或其他方式作为其专业服务的回报，以防止引发冲突、剥削、破坏专业关系等潜在危险。

1.5 心理师须尊重寻求专业服务者的文化多元性。心理师应充分觉察自己的价值观及其对寻求专业服务者的可能影响，并尊重寻求专业服务者的价值观，避免将自己的价值观强加给寻求专业服务者或替其做重要决定。

1.6 心理师应清楚认识自身所处位置对寻求专业服务者的潜在影响，不得利用其对自己的信任或依赖剥削对方、为自己或第三方谋取利益。

1.7 心理师要清楚地了解多重关系（例如与寻求专业服务者发展家庭、社交、经济、商业或其他密切的个人关系）对专业判断可能造成的不利影响及损害寻求专业服务者福祉的潜在危险，尽可能避免与后者发生多重关系。在多重关系不可避免时，应采取专业措施预防可能的不利影响，例如签署知情同意书、告知多重关系可能的风险、寻求专业督导、做好相关记录，以确保多重关系不会影响自己的专业判断，并且不会危害寻求专业服务者。

1.8 心理师不得与当前寻求专业服务者或其家庭成员发生任何形式的性或亲密关系，包括当面和通过电子媒介进行的性或亲密沟通与交往。心理师不得给与自己有过性或亲密关系者做心理咨询或心理治疗。一旦关系超越了专业界限（例如开始性和亲密关系），应立即采取适当措施（例如寻求督导或同行建议），并终止专业关系。

1.9 心理师在与寻求专业服务者结束心理咨询或治疗关系后至少三年内，不得与其或其家庭成员发生任何形式的性或亲密关系，包括当面和通过电子媒介进行的性或亲密的沟通与交往。三年后如果发展此类关系，要仔细考察该关系的性质，确保此关系不存在任何剥削、控制和利用的可能性，同时要有可查证的书面记录。

1.10 心理师和寻求专业服务者存在除性或亲密关系以外的其他非专业关系，如可能伤害后者，应当避免与其建立专业关系。与朋友及亲人间无法保持客观、中立，心理师不得与他们建立专业关系。

1.11 心理师不得随意中断心理咨询与治疗工作。心理师出差、休假或临时离开工作地点外出时，要尽早向寻求专业服务者说明，并适当安排已经开始的心理咨询或治疗工作。

1.12　心理师认为自己的专业能力不能胜任为寻求专业服务者提供专业服务，或不适合与后者维持专业关系时，应与督导或同行讨论后，向寻求专业服务者明确说明，并本着负责的态度将其转介给合适的专业人士或机构，同时书面记录转介情况。

1.13　寻求专业服务者在心理咨询与治疗中无法获益，心理师应终止该专业关系。若受到寻求专业服务者或相关人士的威胁或伤害，或其拒绝按协议支付专业服务费用，心理师可终止专业服务关系。

1.14　本专业领域内，不同理论学派的心理师应相互了解、相互尊重。心理师开始服务时，如知晓寻求专业服务者已经与其他同行建立了专业服务关系，而且目前没有终止或者转介时，应建议寻求专业服务者继续在同行处寻求帮助。

1.15　心理师与心理健康服务领域同行（包括精神科医师/护士、社会工作者等）的交流和合作会影响对寻求专业服务者的服务质量。心理师应与相关同行建立积极的工作关系和沟通渠道，以保障寻求专业服务者的福祉。

1.16　在机构中从事心理咨询与治疗的心理师未经机构允许，不得将自己在该机构中的寻求专业服务者转介为个人接诊的来访者。

1.17　心理师将寻求专业服务者转介至其他专业人士或机构时，不得收取任何费用，也不得向第三方支付与转介相关的任何费用。

1.18　心理师应清楚了解寻求专业服务者赠送礼物对专业关系的影响。心理师在决定是否收取寻求专业服务者的礼物时需考虑以下因素：专业关系、文化习俗、礼物的金钱价值、赠送礼物的动机及自己接受或拒绝礼物的动机。

2. 知情同意

寻求专业服务者可以自由选择是否开始或维持一段专业关系，且有权充分了解关于专业工作的过程和心理师的专业资质及理论取向。

2.1　心理师应确保寻求专业服务者了解自己与寻求专业服务者双方的权利、责任，明确介绍收费设置，告知寻求专业服务者享有的保密权利、保密例外情况及保密界限。心理师应认真记录评估、咨询或治疗过程中有关知情同意的讨论过程。

2.2　心理师应知晓，寻求专业服务者有权了解下列相关事项：(1)心理师的资质、所获认证、工作经验及专业工作理论取向；(2)专业服务的作用；(3)专业服务的目标；(4)专业服务所采用的理论和技术；(5)专业服务的过程和局限；(6)专业服务可能带来的好处和风险；(7)心理测量与评估的意义，以及测验和结果报告的用途。

2.3　与被强制要求接受专业服务人员工作时，心理师应当在专业工作开始时与其讨论保密原则的强制界限及相关依据。

2.4　寻求专业服务者同时接受其他心理健康服务领域专业工作者的服务时，心理师可以根据工作需要，在征得其同意后，联系其他心理健康服务领域专业工作者并与他们进行沟通，以更好地为其服务。

2.5　只有在得到寻求专业服务者书面同意的情况下，心理师才能对心理咨询或治疗过程录音、录像或进行教学演示。

3. 隐私权和保密性

心理师有责任保护寻求专业服务者的隐私权，同时明确认识到隐私权在内容和范围上受到国家法律和专业伦理规范的保护和约束。

3.1 专业服务开始时,心理师有责任向寻求专业服务者说明工作的保密原则及其应用的限度、保密例外情况并签署知情同意书。

3.2 心理师应清楚地了解保密原则的应用有其限度,下列情况为保密原则的例外。(1)心理师发现寻求专业服务者有伤害自身或他人的严重危险;(2)不具备完全民事行为能力的未成年人等受到性侵犯或虐待;(3)法律规定需要披露的其他情况。

3.3 遇到3.2(1)和(2)的情况,心理师有责任向寻求专业服务者的合法监护人、可确认的潜在受害者或相关部门预警;遇到3.2(3)的情况,心理师有义务遵守法律法规,并按照最低限度原则披露有关信息,但须要求法庭及相关人员出示合法的正式文书,并要求他们注意专业服务相关信息的披露范围。

3.4 心理师应按照法律法规和专业伦理规范在严格保密的前提下创建、使用、保存、传递和处理专业工作相关信息(如个案记录、测验资料、信件、录音、录像等)。心理师可告知寻求专业服务者个案记录的保存方式,相关人员(例如同事、督导、个案管理者、信息技术员)有无权限接触这些记录等。

3.5 心理师因专业工作需要在案例讨论或教学、科研、写作中采用心理咨询或治疗案例,应隐去可能辨认出寻求专业服务者的相关信息。

3.6 心理师在教学培训、科普宣传中,应避免使用完整案例,如果有可辨识身份的个人信息(如姓名、家庭背景、特殊成长或创伤经历、体貌特征等),须采取必要措施保护当事人隐私。

3.7 如果由团队为寻求专业服务者服务,应在团队内部确立保密原则,只有确保寻求专业服务者隐私受到保护时才能讨论其相关信息。

4. 专业胜任力和专业责任

心理师应遵守法律法规和专业伦理规范,以科学研究为依据,在专业界限和个人能力范围内以负责任的态度开展评估、咨询、治疗、转介、同行督导、实习生指导及研究工作。心理师应不断更新专业知识,提升专业胜任力,促进个人身心健康水平,以更好地满足专业工作的需要。

4.1 心理师应在专业能力范围内,根据自己所接受的教育、培训和督导的经历和工作经验,为适宜人群提供科学有效的专业服务。

4.2 心理师应规范执业,遵守执业场所、机构、行业的制度。

4.3 心理师应关注保持自身专业胜任力,充分认识继续教育的意义,参加专业培训,了解专业工作领域的新知识及新进展,必要时寻求专业督导。缺乏专业督导时,应尽量寻求同行的专业帮助。

4.4 心理师应关注自我保健,警惕因自己的身心健康问题伤害服务对象的可能性,必要时应寻求督导或其他专业人员的帮助,或者限制、中断、终止临床专业服务。

4.5 心理师在工作中介绍和宣传自己时,应实事求是地说明专业资历、学历、学位、专业资格证书、专业工作等。心理师不得贬低其他专业人员,不得以虚假、误导、欺瞒的方式宣传自己或所在机构、部门。

4.6 心理师应承担必要的社会责任,鼓励心理师为社会提供部分专业工作时间做低经济回报、公益性质的专业服务。

5. 心理测量与评估

心理测量与评估是咨询与治疗工作的组成部分。心理师应正确理解心理测量与评估手段在临床服务中的意义和作用，考虑被测量者或被评估者的个人特征和文化背景，恰当使用测量与评估工具来促进寻求专业服务者的福祉。

5.1 心理测量与评估旨在促进寻求专业服务者的福祉，其使用不应超越服务目的和适用范围。心理师不得滥用心理测量或评估。

5.2 心理师应在接受相关培训并具备适当专业知识和技能后，实施相关测量或评估工作。

5.3 心理师应根据测量目的与对象，采用自己熟悉的、已经在国内建立并证实信度、效度的测量工具。若无可靠信度、效度数据，需要说明测验结果及解释的说服力和局限性。

5.4 心理师应尊重寻求专业服务者了解和获得测量与评估结果的权利，在测量或评估后对结果给予准确、客观、对方能理解的解释，避免后者误解。

5.5 未经寻求专业服务者授权，心理师不得向非专业人员或机构泄露其测验和评估的内容与结果。

5.6 心理师有责任维护心理测验材料（测验手册、测量工具和测验项目等）和其他评估工具的公正、完整和安全，不得以任何形式向非专业人员泄露或提供不应公开的内容。

6. 教学、培训和督导

从事教学、培训和督导工作的心理师应努力发展有意义、值得尊重的专业关系，对教学、培训和督导持真诚、认真、负责的态度。

6.1 心理师从事教学、培训和督导工作旨在促进学生、被培训者或被督导者的个人及专业成长和发展，教学、培训和督导工作应有科学依据。

6.2 心理师从事教学、培训和督导工作时应持多元的理论立场，让学生、被培训者或被督导者有机会比较，并发展自己的理论立场。督导者不得把自己的理论取向强加于被督导者。

6.3 从事教学、培训和督导工作的心理师应基于其教育训练、被督导经验、专业认证及适当的专业经验，在胜任力范围内开展相关工作，且有义务不断加强自己的专业能力和伦理意识。督导者在督导过程中遇到困难，也应主动寻求专业督导。

6.4 从事教学、培训和督导工作的心理师应熟练掌握专业伦理规范，并提醒学生、被培训者或被督导者遵守伦理规范和承担专业伦理责任。

6.5 从事教学、培训工作的心理师应采取适当措施设置和计划课程，确保教学及培训能够提供适当的知识和实践训练，达到教学或培训目标。

6.6 承担教学任务的心理师应向学生明确说明自己与实习场所督导者各自的角色与责任。

6.7 担任培训任务的心理师在进行相关宣传时应实事求是，不得夸大或欺瞒。心理师应有足够的伦理敏感性，有责任采取必要的措施保护被培训者个人隐私和福祉。心理师作为培训项目负责人时,应为该项目提供足够的专业支持和保证,并承担相应责任。

6.8 担任督导任务的心理师应向被督导者说明督导目的、过程、评估方式及标准,告知督导过程中可能出现的紧急情况,中断、终止督导关系的处理方法。心理师应定期评估被督导者的专业表现,并在训练方案中提供反馈,以保障专业服务水准。考评时,心理师应实事求是,诚实、公平、公正地给出评估意见。

6.9 从事教学、培训和督导工作的心理师应审慎评估其学生、被培训者或被督导者的个体差异、发展潜能及能力限度,适当关注其不足,必要时给予发展或补救机会。对不适合从事心理咨询或治疗工作的专业人员,应建议其重新考虑职业发展方向。

6.10 承担教学、培训和督导任务的心理师有责任设定清楚、适当、具文化敏感度的关系界限;不得与学生、被培训者或被督导者发生亲密关系或性关系;不得与有亲属关系或亲密关系的专业人员建立督导关系;不得与被督导者卷入心理咨询或治疗关系。

6.11 从事教学、培训或督导工作的心理师应清楚认识自己在与学生、被培训者或被督导者关系中的优势,不得以工作之便利用对方为自己或第三方谋取私利。

6.12 承担教学、培训或督导任务的心理师应明确告知学生、被培训者或被督导者,寻求专业服务者有权了解提供心理咨询或治疗者的资质;他们若在教学、培训和督导过程中使用后者的信息,应事先征得其同意。

6.13 承担教学、培训或督导任务的心理师对学生、被培训者或被督导者在心理咨询或治疗中违反伦理的情形应保持敏感,若发现此类情形应与他们认真讨论,并为保护寻求专业服务者的福祉及时处理;对情节严重者,心理师有责任向本学会临床心理学注册工作委员会伦理工作组或其他适合的权威机构举报。

7. 研究和发表

心理师应以科学的态度研究并增进对专业领域相关现象的了解,为改善专业领域做贡献。以人类为被试的科学研究应遵守相应的研究规范和伦理准则。

7.1 心理师的研究工作若以人类作为研究对象,应尊重人的基本权益,遵守相关法律法规、伦理准则及人类科学研究的标准。心理师应负责被试的安全,采取措施防范损害其权益,避免对其造成躯体、情感或社会性伤害。若研究需得到相关机构审批,心理师应提前呈交具体研究方案以供伦理审查。

7.2 心理师的研究应征求被试知情同意;若被试没有能力做出知情同意,应获得其法定监护人的知情同意;应向被试(或其监护人)说明研究性质、目的、过程、方法、技术、保密原则及局限性,被试可能体验到的身体或情绪痛苦及干预措施,预期获益、补偿;研究者和被试各自的权利和义务,研究结果的传播形式及其可能的受众群体等。

7.3 免知情同意仅限于以下情况:(1)有理由认为不会给被试造成痛苦或伤害的研究,包括①正常教学实践研究、课程研究或在教学背景下进行的课堂管理方法研究;②仅用匿名问卷、以自然观察方式进行的研究或文献研究,其答案未使被试触犯法律、未损害其财务状况、职业或声誉,且隐私得到保护;③在机构背景下进行的工作相关因素研究,不会危及被试的职业,且其隐私得到保护。(2)法律、法规或机构管理规定允许的研究。

7.4 被试参与研究,有随时撤回同意和不再继续参与的权利,并且不会因此受到任何惩罚，而且在适当情况下应获得替代咨询、治疗干预或处置。心理师不得以任何方式强制被试参与研究。干预或实验研究需要对照组时，需适当考虑对照组成员的福祉。

7.5 心理师不得用隐瞒或欺骗手段对待被试，除非这种方法对预期研究结果必要且无其他方法代替。研究结束后，必须向被试适当说明。

7.6 禁止心理师和当前被试通过面对面或任何媒介发展涉及性或亲密关系的沟通和交往。

7.7 撰写研究报告时，心理师应客观地说明和讨论研究设计、过程、结果及局限性，不得采用或编造虚假不实的信息或资料，不得隐瞒与研究预期、理论观点、机构、项目、服务、主流意见或既得利益相悖的结果，并声明利益冲突；如果发现已发表研究有重大错误，应更正、撤销、勘误或以其他合适的方式公开纠正。

7.8 心理师撰写研究报告时应注意对被试的身份保密（除非得到被试的书面授权），妥善保管相关研究资料。

7.9 心理师在发表论著时不得剽窃他人成果，引用其他研究者或作者的言论或资料应按照学术规范或国家标准注明原著者及资料来源。

7.10 心理师科研、写作若采用心理咨询或心理治疗案例，应确保隐匿可辨认出寻求专业服务者的信息。涉及寻求专业服务者的案例报告，应与其签署知情同意书。

7.11 全文或文中重要部分已登载于某期刊或已出版著作，心理师不得在未获原出版单位许可情况下再次投稿；同一篇稿件或主要数据相同的稿件不得同时向多家期刊投稿。

7.12 研究工作由心理师与同行一起完成时，著述应以适当方式注明全部作者、有特殊贡献者，心理师不得以个人名义发表或出版。论著主要内容源于学生的研究报告或论文，应取得学生许可并将其列为主要作者之一。

7.13 心理师审阅学术报告、文稿、基金申请或研究计划时应尊重其保密性和知识产权。心理师应审阅在自己能力范围内的材料，并避免审查工作受个人偏见影响。

8. 远程专业工作（网络/电话咨询）

心理师有责任告知寻求专业服务者远程专业工作的局限性，让其了解远程专业工作与面对面专业工作的差异。寻求专业服务者有权选择是否在接受专业服务时使用网络/电话咨询。远程工作的心理师有责任考虑相关议题，并遵守相应的伦理规范。

8.1 心理师通过网络/电话提供专业服务时，除了常规知情同意外，还需要帮助寻求专业服务者了解并同意下列信息：(1)远程服务所在的地理位置、时差和联系信息；(2)远程专业工作的益处、局限和潜在风险；(3)发生技术故障的可能性及处理方案；(4)无法联系到心理师时的应急程序。

8.2 心理师应告知寻求专业服务者电子记录和远程服务过程在网络传输中保密的局限性，告知寻求专业服务者相关人员（同事、督导、个案管理者、信息技术员）有无权限接触这些记录和咨询过程。心理师应采取合理预防措施（例如设置用户开机密码、网站密码、咨询记录文档密码等）以保证信息传递和保存过程中的安全性。

8.3 心理师远程工作时须确认寻求专业服务者真实身份及联系信息，也需确认双方具体地理位置和紧急联系人信息，以确保后者出现危机状况时可有效采取保护措施。

8.4　心理师通过网络/电话与寻求专业服务者互动并提供专业服务时，全程应验证后者真实身份，确保对方是与自己达成协议的对象。心理师应提供专业资质和专业认证机构的电子链接，并确认电子链接的有效性以保障寻求专业服务者的权利。

8.5　心理师应明白与寻求专业服务者保持专业关系的必要性。心理师应与后者讨论并建立专业界限。寻求专业服务者或心理师认为远程专业工作无效时，心理师应考虑采用面对面服务形式。如果心理师无法提供面对面服务，应帮助对方转介。

9. 媒体沟通与合作

心理师通过（电台、电视、报纸、网络等）公众媒体和自媒体从事专业活动，或以专业身份开展（讲座、演示、访谈、问答等）心理服务的过程中，与媒体相关人员合作与沟通中需要遵守下列伦理规范。

9.1　心理师及其所在机构应与媒体充分沟通，确认合作方了解心理咨询与治疗的专业性质与专业伦理，提醒其自觉遵守伦理规范，承担社会责任。

9.2　心理师应在专业胜任力范围内，根据自己的教育、培训和督导经历、工作经验与媒体合作，为不同人群提供适宜而有效的专业服务。

9.3　心理师如与媒体长期合作，应特别考虑可能产生的影响，并与合作方签署包含伦理款项的合作协议，包括合作目的、双方权利与义务、违约责任及协议解除等。

9.4　心理师应与拟合作媒体就如何保护寻求专业服务者个人隐私商讨保密事宜，包括保密限制条件及对寻求专业服务者信息的备案、利用、销毁等，并将有关设置告知寻求专业服务者，并告知其媒体传播后可能带来的影响，由其决定是否同意在媒体上进行自我暴露、是否签署相关协议。

9.5　心理师通过（电台、电视、出版物、网络等）公众媒体从事课程、讲座、演示等专业活动或以专业身份提供解释、分析、评论、干预时，应尊重事实，基于专业文献和实践发表言论。其言行皆应遵循专业伦理规范，避免伤害寻求专业服务者、误导大众。

9.6　心理师接受采访时应要求媒体如实报道。文章发表前应经心理师本人审核确认。如发现媒体发布与自己个人或单位相关的错误、虚假、欺诈和欺骗的信息，或其报道断章取义，心理师应依据有关法律法规和伦理准则要求媒体予以澄清、纠正、致歉，以维护专业声誉、保障受众利益。

10. 伦理问题处理

心理师应在日常专业工作中践行专业伦理规范，并遵守有关法律法规。心理师应努力解决伦理困境，与相关人员直接而开放地沟通，必要时向督导及同行寻求建议或帮助。本学会临床心理学注册工作委员会设有伦理工作组，提供与本伦理守则有关的解释，接受伦理投诉，并处理违反伦理守则的案例。

10.1　心理师应当认真学习并遵守伦理守则，缺乏相关知识、误解伦理条款都不能成为违反伦理规范的理由。

10.2　心理师一旦觉察自己工作中有失职行为或对职责有误解，应尽快采取措施改正。

10.3　若本学会专业伦理规范与法律法规冲突，心理师必须让他人了解自己的行为符合专业伦理，并努力解决冲突。如这种冲突无法解决，心理师应以法律和法规作为其行动指南。

10.4 如果心理师所在机构的要求与本学会伦理规范有矛盾之处，心理师需澄清矛盾的实质，表明自己有按专业伦理规范行事的责任。心理师应在坚持伦理规范的前提下，合理解决伦理规范与机构要求的冲突。

10.5 心理师若发现同行或同事违反了伦理规范，应规劝；规劝无效则通过适当渠道反映问题。如其违反伦理行为非常明显，且已造成严重危害，或违反伦理的行为无合适的非正式解决途径，心理师应当向临床心理学注册工作委员会伦理工作组或其他适合的权威机构举报，以保护寻求专业服务者的权益，维护行业声誉。心理师如不能确定某种情形或行为是否违反伦理规范，可向临床心理学注册工作委员会伦理工作组或其他适合的权威机构寻求建议。

10.6 心理师有责任配合临床心理学注册工作委员会伦理工作组调查可能违反伦理规范的行为并采取行动。心理师应了解对违反伦理规范的处理申诉程序和规定。

10.7 伦理投诉案件的处理必须以事实为根据，以伦理守则相关条文为依据。

10.8 违反伦理守则者将按情节轻重给予以下处罚：(1)警告；(2)严重警告，被投诉者必须在指定期限内完成不少于16学时的专业伦理培训或/和临床心理学注册工作委员会伦理工作组指定的惩戒性任务；(3)暂停注册资格，暂停期间被投诉者不能使用注册督导师、注册心理师或注册助理心理师身份工作，同时暂停其相关权利（选举权、被选举权、推荐权、专业晋升申请等），必须在指定期限内完成不少于24学时的专业伦理培训或/和临床心理学注册工作委员会伦理工作组指定的惩戒性任务，如果不当行为得以改正则由临床心理学注册工作委员会评估讨论后，取消暂停使用注册资格的决定，恢复其注册资格；(4)永久除名，取消注册资格后，临床心理学注册工作委员会不再受理其重新注册申请，并保留向相关部门通报的权利。

10.9 反对以不公正态度或报复方式提出有关伦理问题的投诉。

附：本《守则》包含的专业名词定义

临床心理学（clinical psychology）：是心理学分支学科之一，它既提供相关心理学知识，也运用这些知识理解和促进个体或群体心理健康、身体健康和社会适应。临床心理学注重个体和群体心理问题的研究，以及严重心理障碍（包括人格障碍）的治疗。

咨询心理学（counseling psychology）：是心理学分支学科之一，它运用心理学的知识理解和促进个体或群体的心理健康、身体健康和社会适应。咨询心理学关注个体日常生活的一般性问题，以增进个体良好的心理适应。

心理咨询（counseling）：指在良好的咨询关系基础上，由经过专业训练并拥有相关资质的心理师运用咨询心理学的有关理论和技术，对有心理困扰的求助者进行帮助，以消除或缓解求助者的心理困扰，促进其心理健康与自我发展的过程；心理咨询侧重一般人群的发展性咨询。

心理治疗（psychotherapy）：指在良好的治疗关系基础上，由经过专业训练的心理师运用临床心理学的有关理论和技术，对有心理障碍患者进行帮助与矫治的过程，以消除或缓解患者的心理障碍或问题，促进其人格向健康、协调的方向发展；心理治疗更侧重心理疾患的治疗和心理评估。

心理师(clinical and counseling psychologist):是指系统学习过临床或咨询心理学的专业知识、接受过系统的心理治疗与咨询专业技能培训和实践督导,正从事心理咨询和心理治疗工作,并在中国心理学会取得有效注册的督导师、心理师、助理心理师。心理师包括临床心理师(clinical psychologist)和咨询心理师(counseling psychologist)。对临床心理师或咨询心理师的界定依赖于申请者所接受的学位培养方案中的名称界定。

督导师(supervisor):指正在从事临床与咨询心理学相关教学、培训、督导等心理师培养工作的,且达到中国心理学会关于督导师的有关注册条件要求,并在中国心理学会取得有效注册的资深心理师。

寻求专业服务者(professional service seeker):即来访者(client)或精神障碍患者(patient),或其他需要接受心理咨询或心理治疗专业服务的求助者。

剥削(exploitation):指个人或团体在违背他人意愿或不知情的情况下,无偿占有他人的劳动成果,或不当利用他人所拥有的物质的、经济的和心理上的资源谋取各种形式利益或得到心理满足。

福祉(welfare):指寻求专业服务者的健康、利益、心理成长和幸福。

多重关系(multiple relationships):指心理师与寻求专业服务者之间除心理咨询或治疗关系之外,还存在或发展出其他具有利益和情感联结等特点的人际关系状况。如果除专业关系以外,存在一种社会关系,称为双重关系(dual relationships)。如果除专业关系以外,存在两种或两种以上的社会关系,称为多重关系。

亲密关系(romantic relationship):指人与人之间所产生的紧密情感联系,主要包括恋人、同居伴侣和婚姻关系等。

远程专业工作(remote counseling):指通过网络、电话等电子化的方式进行非面对面的心理健康服务的方式。

参考文献

[1]尼克·奥特纳. 轻疗愈4:敲出自控力[M]. 王莜,宴刘莹,译. 北京:当代中国出版社,2020.

[2]乔纳森·高曼. 声音也能治病[M]. 林瑞堂,译. 海口:海南出版社,2014.

[3]斯蒂芬·吉利根. 潜意识之门:生生不息催眠圣经[M]. 洪伟凯,译. 北京:北京日报出版社,2018.

[4]雅普克. 临床催眠实用教程[M]. 4 版. 北京:中国轻工业出版社,2015.

[5]郑日昌. 催眠术[M]. 北京:北京师范大学出版社,2019.

[6]ERICKSON M H, ROSSI S I, ROSSI E L. 催眠实务:催眠诱导与间接暗示[M]. 于收,译. 北京:中国轻工业出版社,2015.

[7]郝莉. 音乐治疗与孤独症谱系障碍儿童康复[J]. 沈阳医学院学报,2022,24(2):178-181,195.

[8]雷莉,高东,黄庆玲,等. 失眠认知行为治疗联合催眠对失眠和睡眠信念及态度的临床疗效[J]. 四川医学,2021,42(9):897-901.

[9]黎美金,黎燕云,陈颖诗. 音乐催眠分娩对初产妇产程、疼痛评分、分娩结局及新生儿的影响[J]. 国际护理学杂志,2020,39(20):3749-3752.

[10]李昕昕. 奥尔夫音乐治疗运用于学龄前智障儿童情绪障碍干预的若干思考[J]. 大学,2021(11):115-116.

[11]刘森. 音乐治疗的临床应用——以儿童领域为例[J]. 当代音乐,2021(5):44-46.

[12]孙立平,周霞,王芹,等. 基于"魄"的五音催眠治疗新型冠状病毒肺炎密切接触者隔离期间焦虑抑郁障碍[J]. 吉林中医药,2020,40(5):577-580.

[13]肖燕,冯春霞,马三美,等. 鼓圈音乐治疗联合心理日记在缓解精神科护士工作压力中的应用[J]. 中西医结合护理(中英文),2019,5(10):156-158.

[14]张钧泓. 交互式电子音乐在孤独症儿童音乐治疗中的辅助运用探索[J]. 黄河之声,2021(13):144-147.

[15]张伟诗,连榕. 催眠定义探新:以恍惚为特色的深度沟通[J]. 心理科学,2022,45(1):213-218.

[16]郑秋强,罗越昕. 音乐治疗团体辅导对大学生社交焦虑的干预研究[J]. 长春师范大学学报,2019,38(10):197-200.

[17]周春,常运立,赵钰茜. 音乐治疗的伦理考量[J]. 中国医学伦理学,2021,34(9):1208-1213.

[18]周路路,苏华,郑泽卿,等. 音乐治疗团体干预在改善养老院老年人身心健康中的作

用[J]. 中国临床心理学杂志,2022,30(1):216-219,240.
[19]刘潺. 团体音乐治疗对育龄期 HPV 持续感染者焦虑及生活质量影响的研究[D]. 重庆:重庆医科大学,2021.
[20]刘倩. 高中生考试焦虑现状调查及自发性沙盘和催眠干预效果对比研究[D]. 重庆:西南大学,2020.